梭编蕾丝
手链耳环 70款

［日］海东麻井／著
虎耳草咩咩／译

中国纺织出版社

目录 Contents

编织球

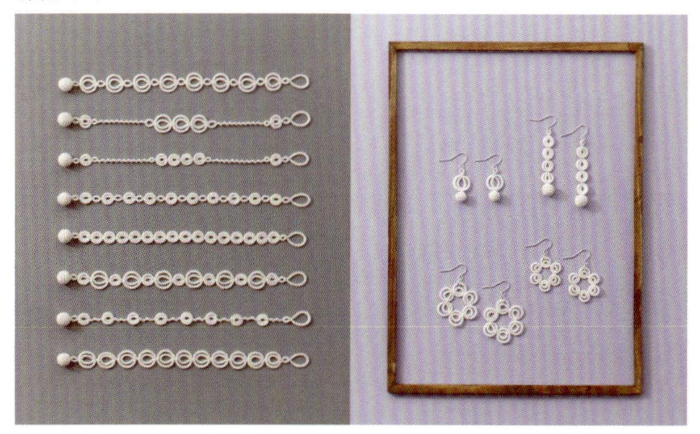

p.14　　p.15

花朵

p.16　　p.17

花朵

p.18　　p.19

锯齿结

p.20　　p.21

其他索引 Index

1

2

3

4

单环

Single Ring

制作方法 … p.46

由整齐排列着水滴形状的环所组成的简洁手链搭配方形耳环。

分裂环

Split Ring

制作方法 ... p.47

由交替排列着的大小环制作成的手链和耳环套装。

双叶环

Double Ring

制作方法 … p.48

别致的4瓣花图案
手链和耳环套装。

9

10

11

12

三叶环

Triple Ring

制作方法 … p.49

三叶环制作的三叶草手链
搭配钻石造型耳环。

13

14

15

16

约瑟芬结

Josephine Knot

制作方法 … p.50

用约瑟芬结可制作出犹如含羞草般轻柔的装饰。

螺旋结

Spiral

制作方法 … p.51

由螺旋结制作出的
既奢华又典雅大方的
层叠手链和耳环。

将作品21的螺旋结加长制作成套索项链

小耳朵的嬉戏

Pico

制作方法 … p.52

拥有大量可爱耳元素的手链。

制作方法 … p.53

运用耳演绎出千变万化的造型。

克鲁尼叶片
Cluny Leaf

制作方法 … p.54

小小叶片的形状十分可爱。
还在耳环上添加了令人联想到果实的钩针编织球。

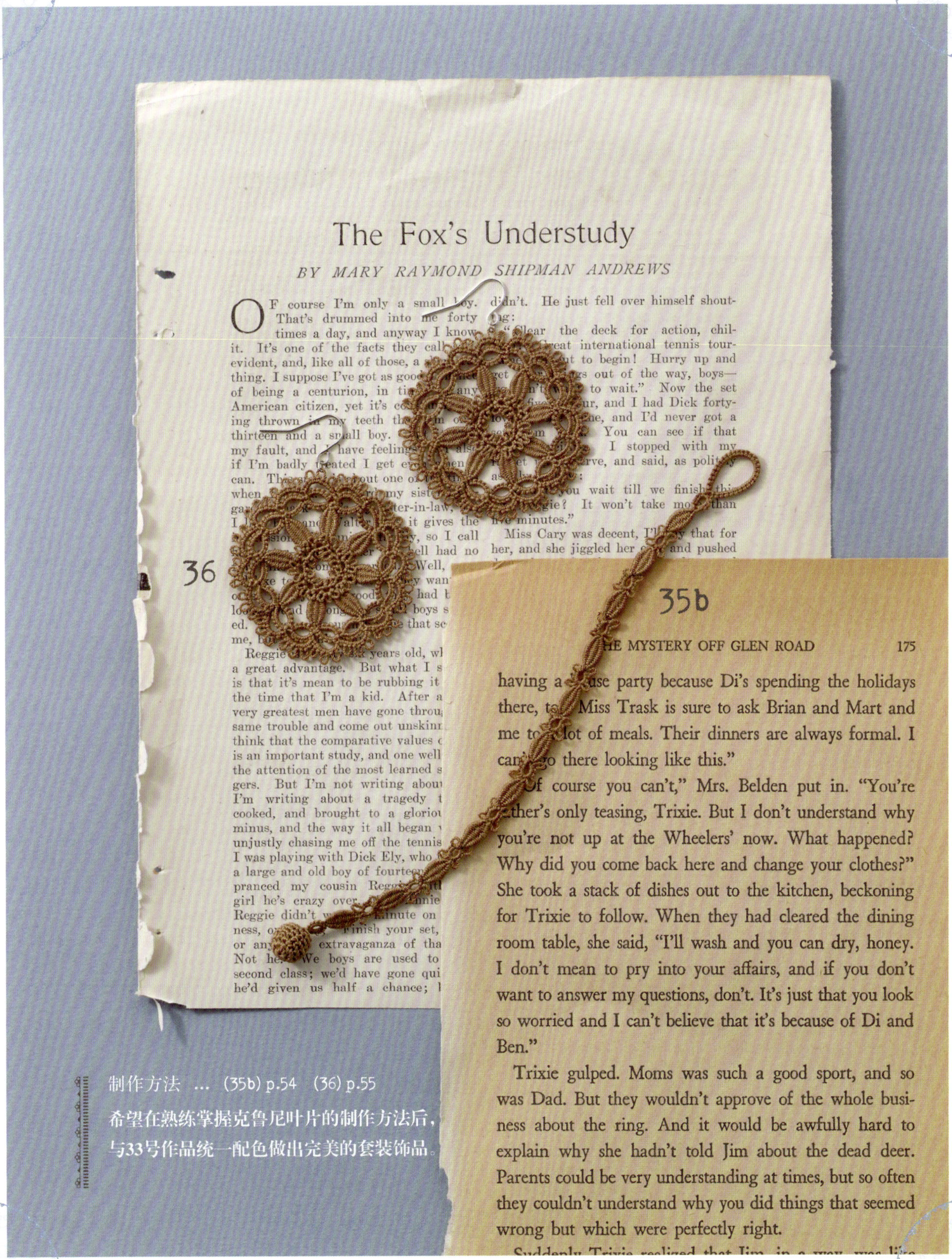

36

35b

制作方法 … (35b) p.54 (36) p.55

希望在熟练掌握克鲁尼叶片的制作方法后，与33号作品统一配色做出完美的套装饰品。

编织球

Soap Bubble

制作方法 … (37~41) p.56 (42) p.57 (43) p.59 (44) p.60

连续的曲线搭配美丽编织球制作出的手链。

37

38

39

40

41

42

43

44

制作方法 … p.57

使用纵向长连接以及圆环连接方式制作的耳环。享受一下戴上按自己喜好搭配制作的配饰带来的愉悦感吧。

49

50

花朵

Flower

制作方法 … p.58

由并排立体花朵组成的浪漫配饰套装。

制作方法 ... (51) p.55 (52) p.58

将编织球作为卡扣设计而成的讨人喜爱的手链。
套装中的耳环是在作品50的基础上添加花芯制作而成的。

51

52

花朵

Flower

制作方法 … p.59

每编织1针色彩就发生变化的段染线尤为美丽。

制作方法 … p.60

宛如花圃中相互层叠怒放着的春色花朵。

55

56

锯齿结

Zigzag

制作方法 … p.61

绚丽的撞色、清新的粉彩色系、自然的大地色系…按您的喜好来享受一下色彩游戏吧。

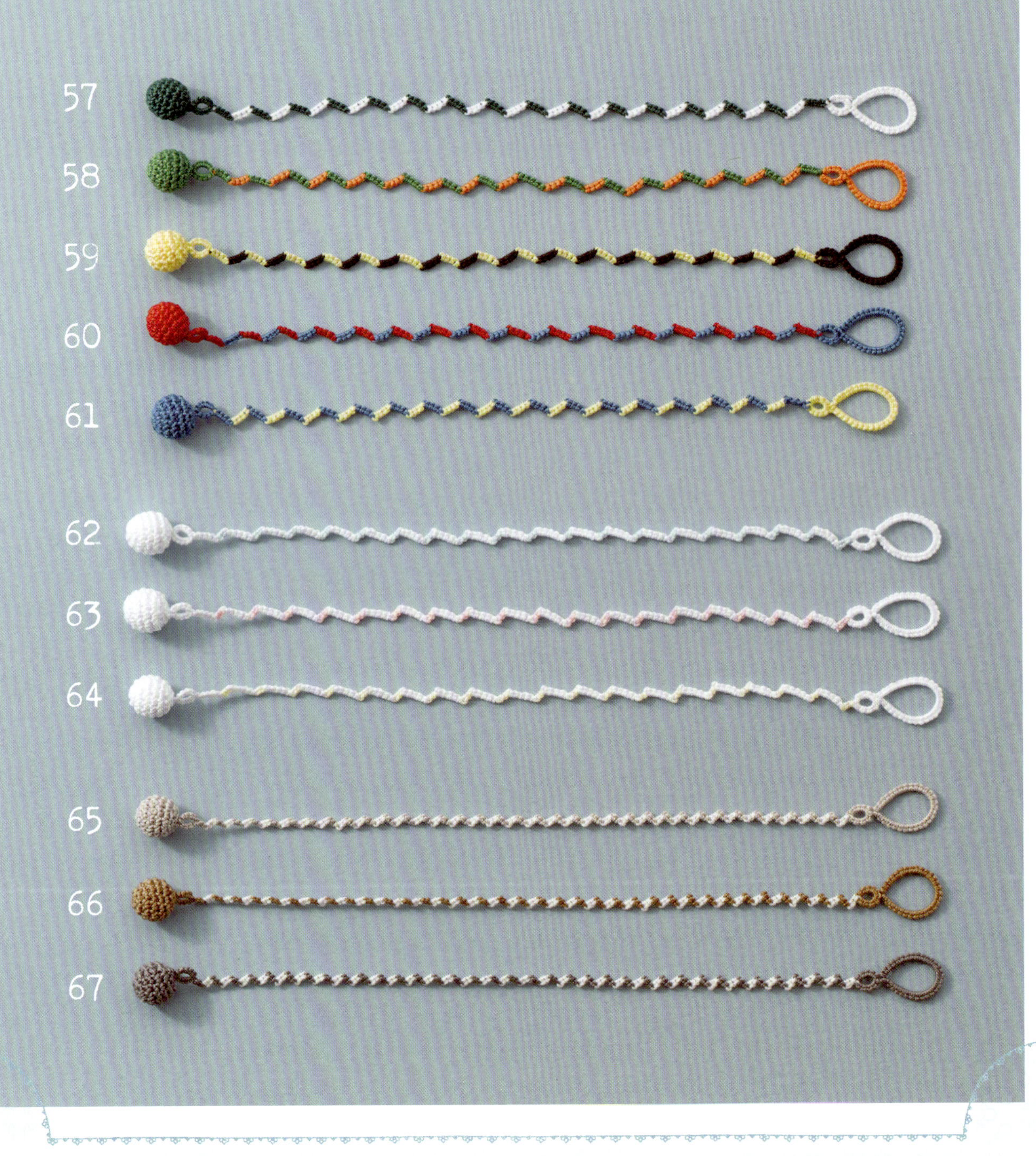

制作方法 … p.62

锯齿花样的俏皮耳环
为耳朵平添了几分俏皮感。

梭编蕾丝制作

梭编蕾丝是用2根线编织，2次计为“1针”。
基础编织称为“元宝针（DS：Double Stitch）”。
2根线中1根为“芯线”，编织针脚能够在芯线上顺畅地滑动。

使用称为梭编器的绕线工具，移动芯线来制作元宝针，
使用中的梭编器称为工作梭（WS：Working Shuttle），其动作称为“移动针脚（transfer）”。
芯线总是隐藏起来看不见的，牢记这点很重要。

梭编是通过制作大量漂亮的针脚，将其移动来制作花样，
因此，梭编并非针织的“织”，而表现为“编”和“系”。
花样是犹如一笔写出般的连接起来。先来备齐所需工具吧。

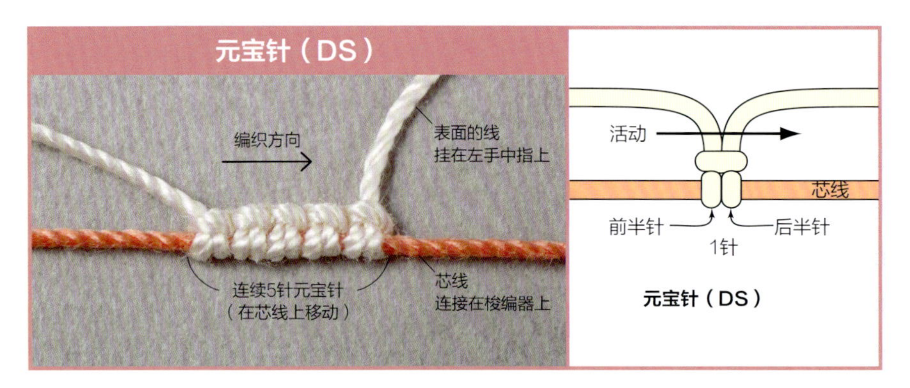

所需工具

※有关工具的信息请参阅p.64。（除b、e、g外均为CLOVER MFG.CO.,LTD的产品）

a 珠针、缝衣针
珠针：制作过程中可用于确认平衡，最后在线收尾处理时入针的话，可以很美观地完成。
缝衣针：在最后的线收尾处理时使用。使用针头不尖锐的十字绣针更易于操作。

b 圆点笔（铁笔）
最后的线收尾处理中，便于在涂浆糊时使用。也可用牙签来代替。

c 蕾丝钩针
从耳引出线相连时使用。垂饰款的梭编作品也会用到。

d 临时固定夹
测量线长度时使用。

e 回形针
用一根连续的线制作桥或作为制作小耳的孔时使用。

f 耳尺
在制作大小一致的耳时使用。

g 镊子
将相同线塞入编织球时使用。

h 修眉夹
便于在解开环或夹线困难时使用。斜口款式的效果佳。

i 梭编器（梭子、线梭）
船形的小线卷。前端带尖角的款式使用起来更方便。

j 梭编用胶水
在最后的线收尾处理时使用。

k 剪刀
前端锋利的剪刀更易于使用。

蕾丝线的介绍

※有关线材的信息请参阅p.64。（均为OLYMPUS THREAD Mfg.Co.,Ltd的产品）

本书的作品均使用40号（#40）蕾丝线。
“号”是指线的粗细，数字越大线越细。由于生产厂家不同，
即便是相同数字，线的粗细也有差异，所以多做尝试吧。

金票 #40蕾丝线<段染>	蕾丝钩针6～8号、100%棉、 10g线团（约89m）13色 50g线团（约445m）13色
金票 #40蕾丝线	蕾丝钩针6～8号、100%棉、 10g线团（约89m）38色 50g线团（约445m）39色 白色 100g线团（约890m）1色

金票 #40蕾丝线<段染>

金票 #40蕾丝线

（实物等大）

※自左开始 适用针号→材质→规格→线长→颜色数量。 ※颜色均为2017年5月时的情况。 ※由于为印刷物，颜色与实物会有稍许差异。

在梭编器上绕线

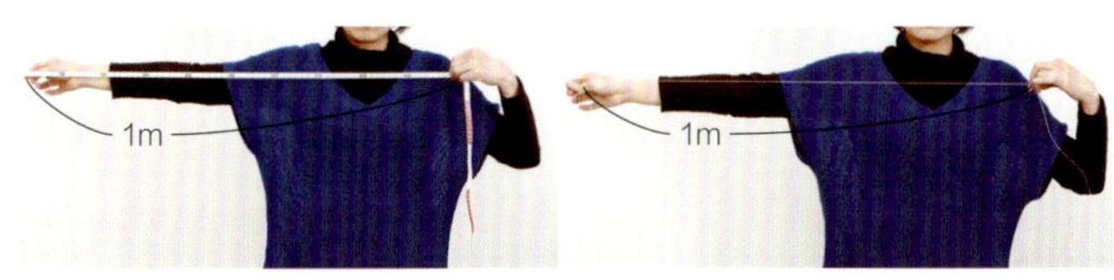

梭编蕾丝是在随用时将线绕于梭编器上的。将所使用的长度记录下来，下次制作时就不会出现浪费。测量出自己胳膊的长度就可以取代卷尺。

测量长度时，使用临时固定夹更为方便。从线团上取下过多线的话会缠绕起来，所以分2～3m的来绕线。

在梭编器上绕线过多的话，会造成梭编器前端开口，发生破损的情况。

将线穿入梭编器的中心孔。

用线头圈成圆环。

把圆圈搭在线团一侧的线上，如箭头所示将线穿出。

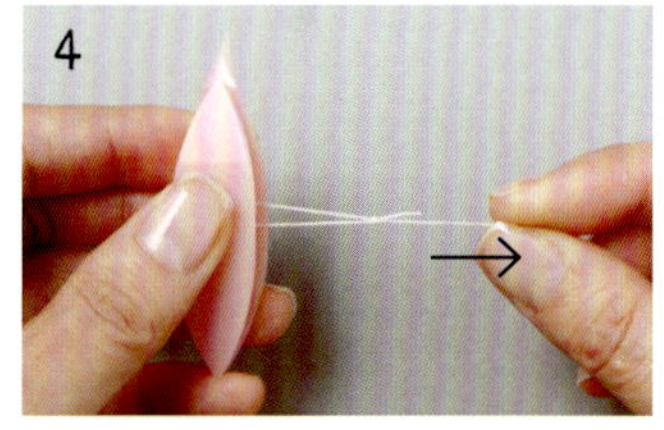

轻拉线团一侧的线，使打好的结靠近梭编器。

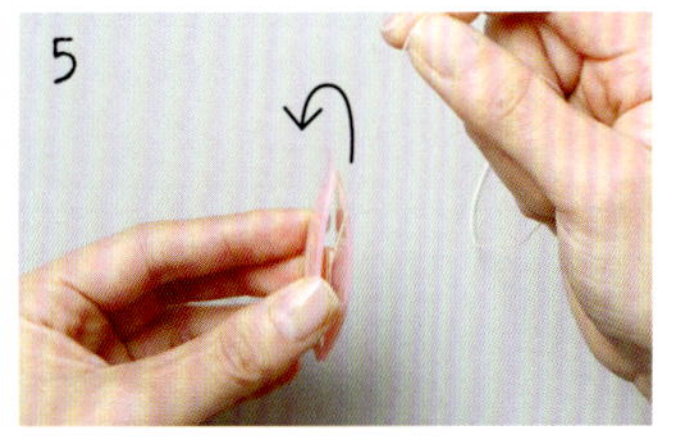

将梭编器的角朝向左上，如箭头所示绕线。

※用到多个颜色时，使用多个梭编器更为方便。只有1个梭编器的情况下，就要每次重新绕线。也可以在已绕的线上缠绕新颜色的线。

线团与梭编器使用数量的插图

用1个梭编器来制作

将线团的线头绕在1个梭编器上来制作

用绕有线的梭编器和线团来制作

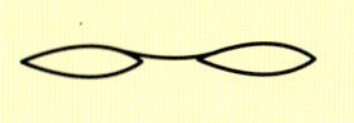

用线两端的2个梭编器来制作
（与用梭编器和线团来制作的制作要领相同，只是将线团换成了梭编器）

基础编结（元宝针）

元宝针是以“编织2次为1针”来计数。
其前后的编织方法不同，称为“前半针”、“后半针”，
交替编织完成元宝针。
请牢牢记住“芯线是隐藏起来看不见的”这个制作要点。
连续的元宝针为“桥（C：Chain）”。
前半针（fhs：first half stitch）
后半针（shs：second half stitch）

制作桥（C）

将线团的线与梭编器的线用左手的食指与拇指捏住。留出15cm左右的线头。

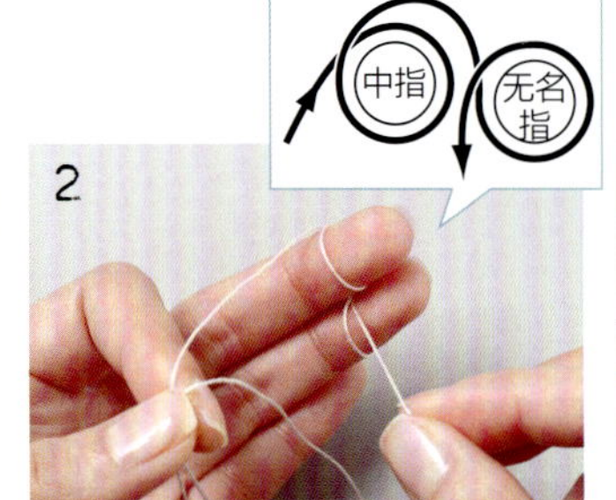

一直捏着2根线，将线团的线挂在中指和无名指上。2根手指贴在一起。

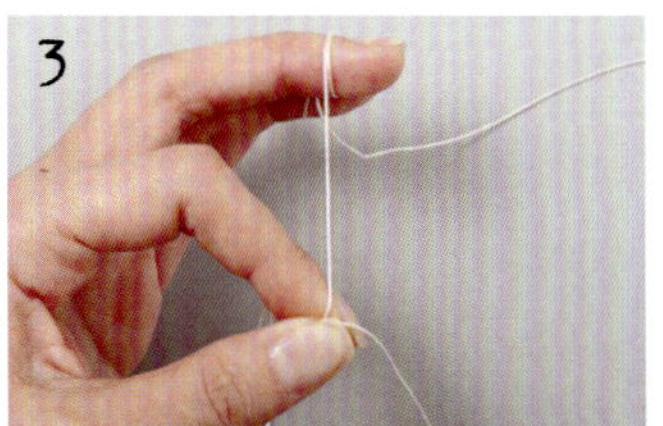

左手的线为表面的线。总能用中指自如地调节线的松紧。

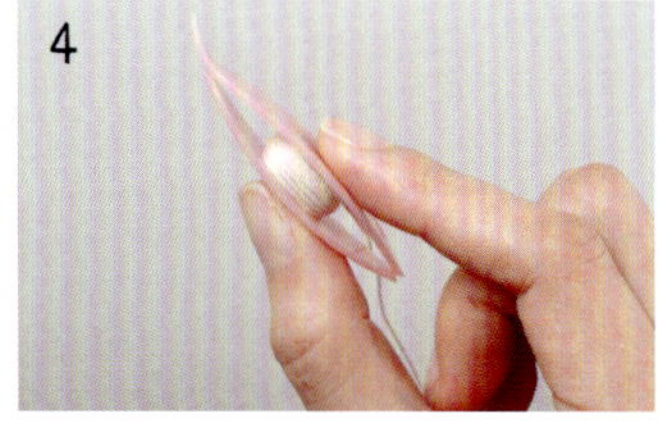

用右手拇指和食指拿着梭编器。因为是转动它来制作针脚的，所以称为工作梭，而梭编器上的线则称为“芯线”。

[制作前半针]

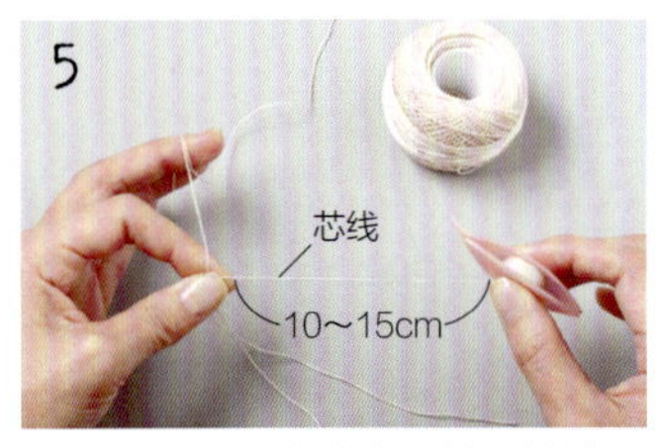

从左手捏住线的地方开始至梭编器处留出10～15cm的线，将左手的线绷直。

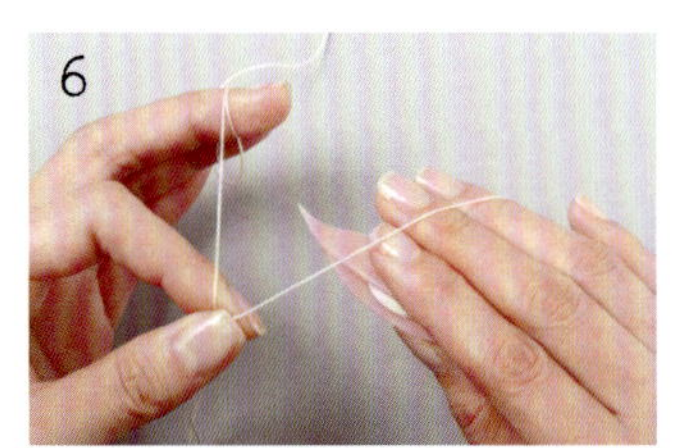

将右手向内侧转动，将线挂在手背上。

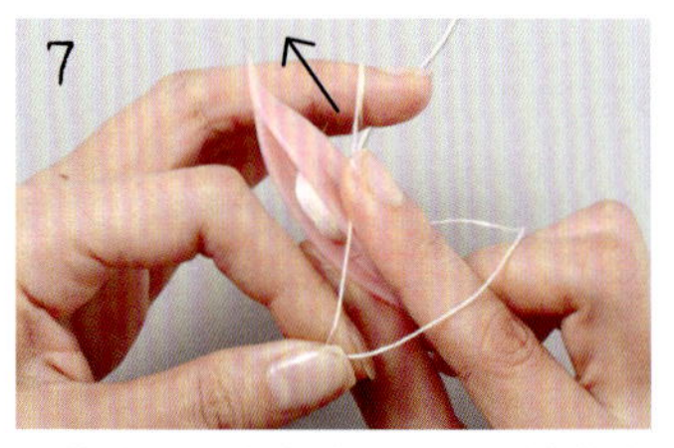

按箭头所示方向将梭编器从挂在左手上的线的下方穿出。

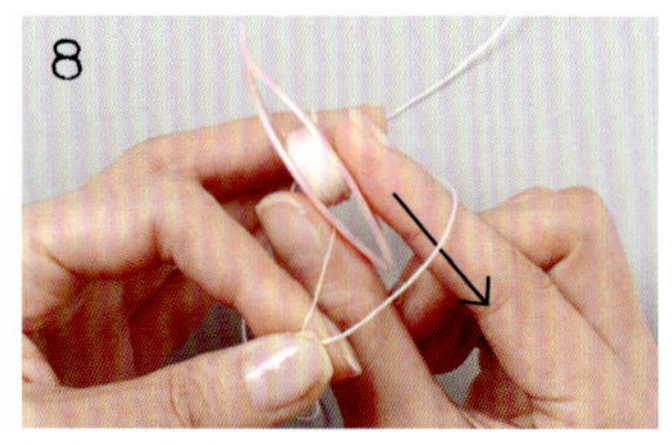

接着按箭头所示方向从左手上所挂线的上方返回。

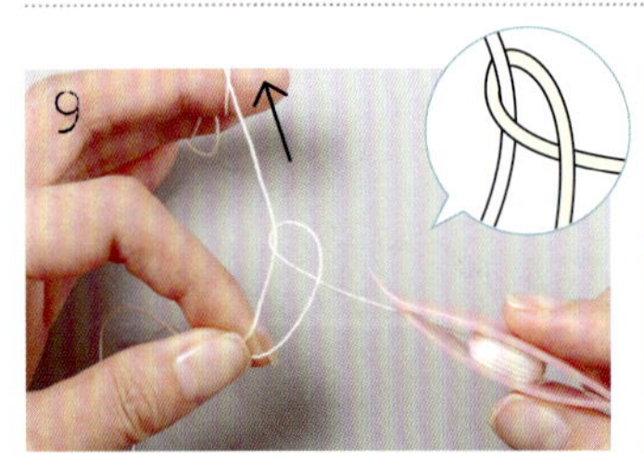

梭编器一侧的线绕在线团一侧的线上的状态。

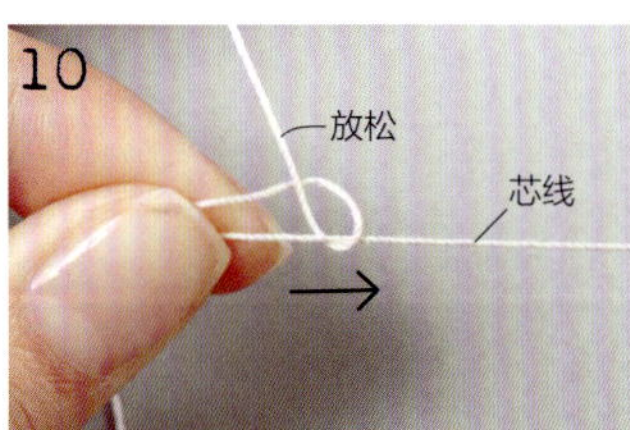

放松左手中指，拉梭编器。线团一侧的线绕在梭编器一侧的线（芯线）上的状态。这个动作称为“移动针脚（transfer）”。

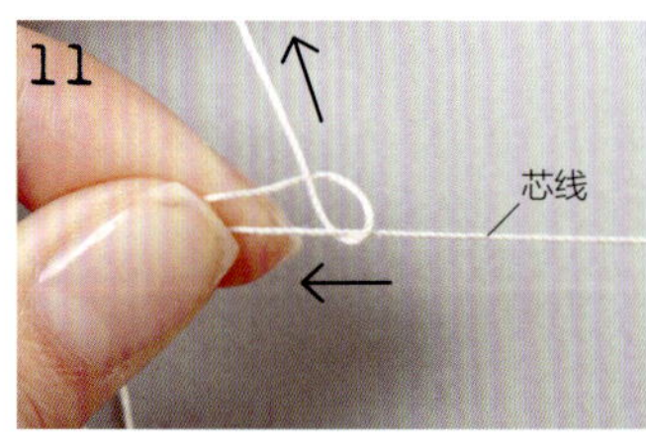

一直绷紧芯线用中指提拉线的话，线圈就朝左转动锁紧。

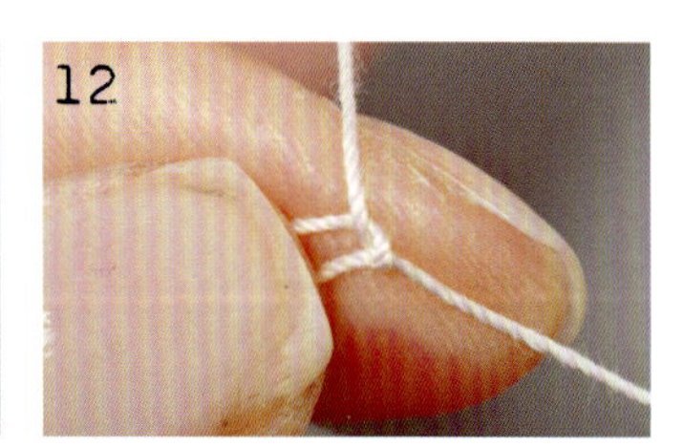

完成前半针的样子。不使其松动地用手指和拇指按压住。

[制作后半针]

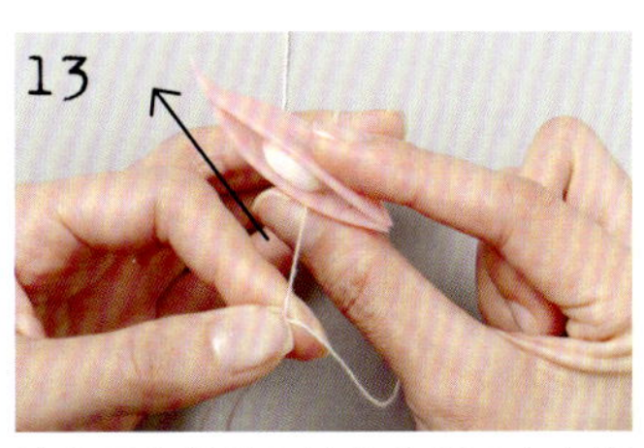

这次是将梭编器按箭头所示方向朝左手挂线的上方穿出。

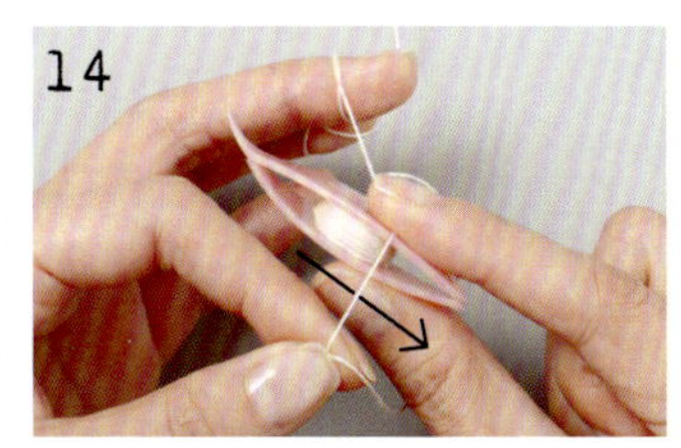

接着穿过左手挂线的下方返回。

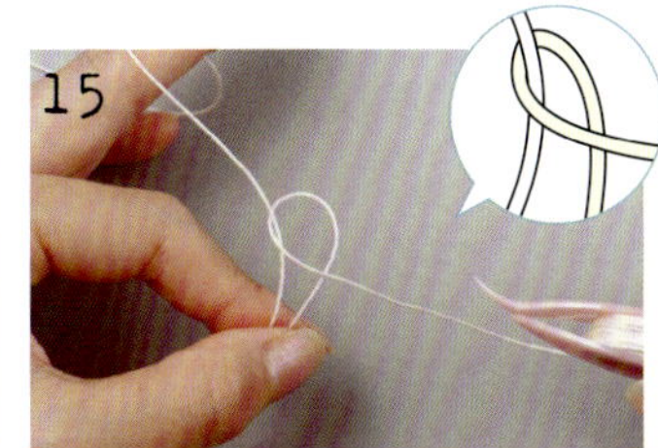

梭编器一侧的线绕在线团一侧的线上后的状态。

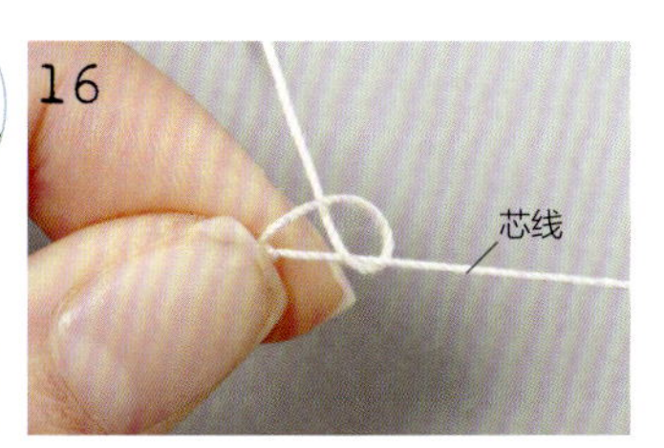

与前半针相同，边松开中指的线边拉梭编器让芯线绷紧，将针脚靠近前半针。

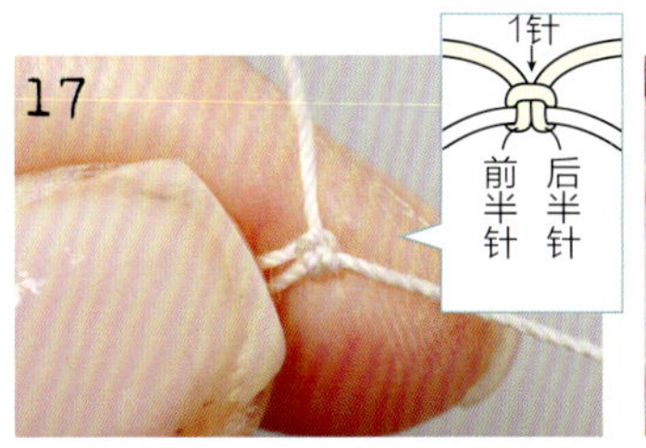

完成1针元宝针后的样子。

重复前半针和后半针就形成了“桥”。

移动针脚（transfer）

移动针脚完成效果差的话，芯线就会外露于表面，元宝针就不能移动了。在熟练掌握之前，为了便于发现错误，最好用双色线来练习。

制作耳（P）

耳是在2针元宝针间空出间隔，用线作成的环。可以作为装饰来使用，在将元宝针间连接起来时也有着各种各样的用途。

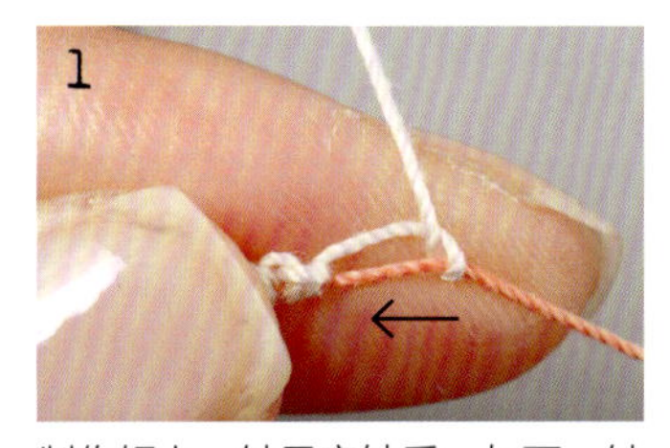

制作好上一针元宝针后，与下一针元宝针控制间隔来制作。最好压住前半针来制作后半针。

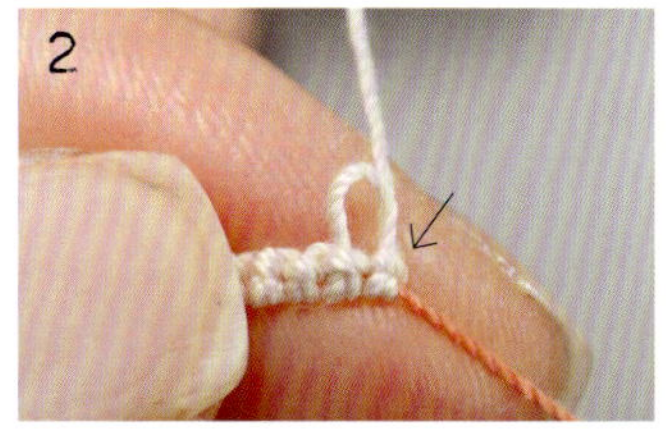

制作耳后想要改变大小时，用梭编器的尖角松开元宝针的头部。

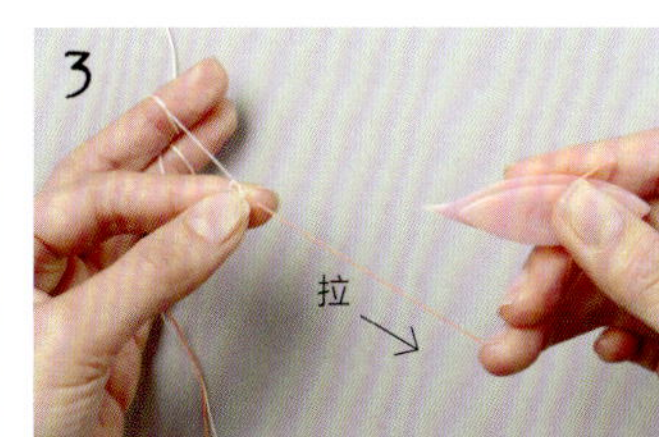

此时用右手无名指绷直芯线不要让移动针脚返回。

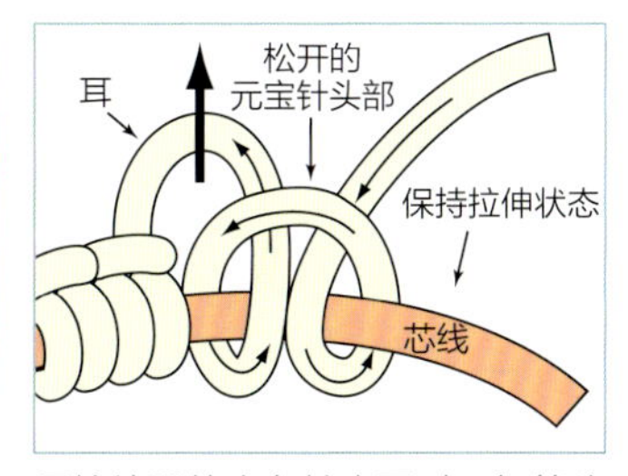

用梭编器的尖角扩大耳时，如箭头所示方向就可让线活动起来。想要缩小耳时，反向转动即可。

有关力度调整

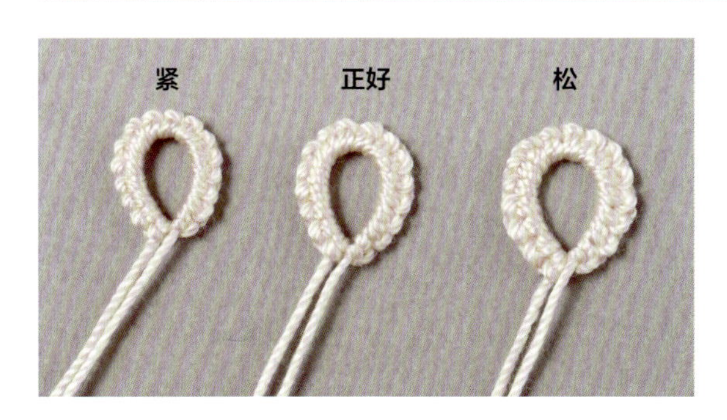

左图为相同针数的环。
梭编蕾丝依据编织者各自的力度不同，尺寸也会有所变化。
编织紧的话环就会变小，线也会紧绷。
松的话形状就易松散，做桥时会看到芯线。
手松的人要像抵抗芯线“牵制”般拉中指的线，
手紧的人要放松。

❖制作环（R）

将梭编器的线绕左手一圈捏住形成圆环，后面的部分为“表面的线”，
从捏住的地方开始到梭编器之间作为“芯线”来制作元宝针。
最后将芯线收紧就是环。
关键在于元宝针的起始与结尾位置收紧时要完全贴紧。
（R：Ring）

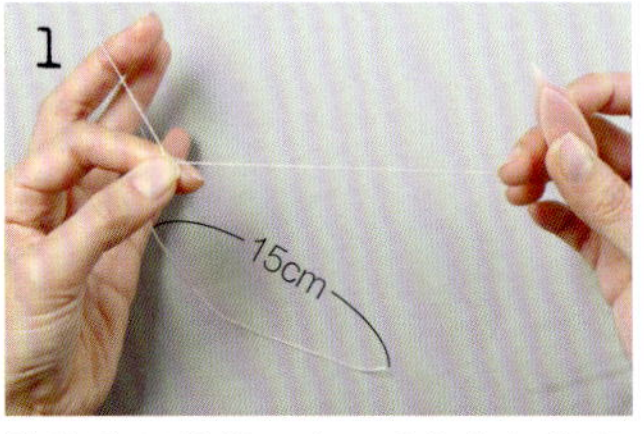

将梭编器的线用左手食指与拇指捏住，从中指向小指绕一圈用相同手指捏住。

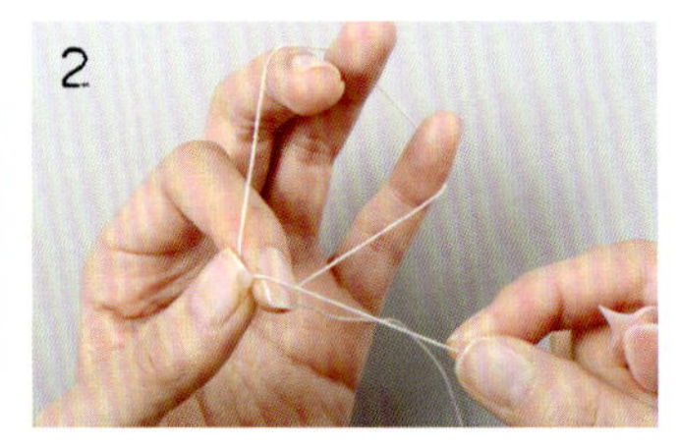

拉动梭编器调节圆环大小，调节中指上线的松紧制作元宝针。

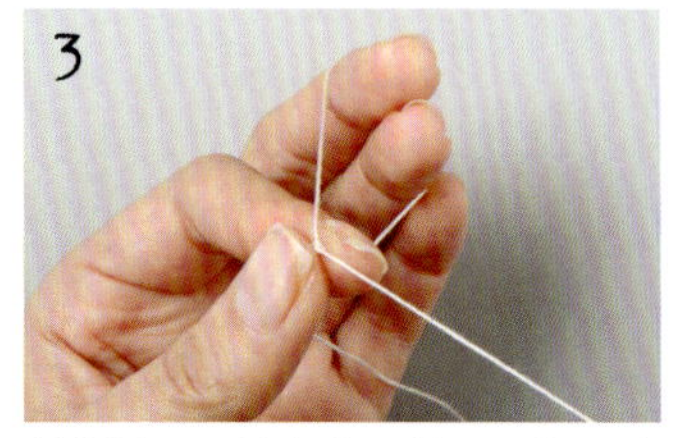

制作过程中挂在左手的圆环如果变小的话，转动梭编器将线送出。

※将手指错开以便能看得到环。

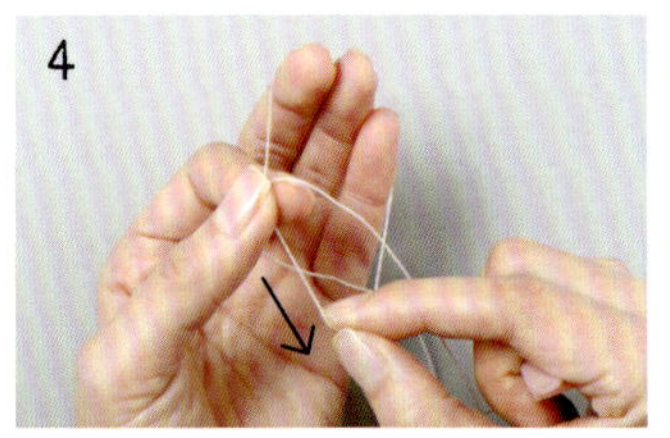

牢牢地用手指指腹按压编织针脚，线可以从下方顺畅地拉出。

完成指定针数的元宝针的样子。此间隔是顺畅地将整体用手指指腹按压后拉出线的状态。

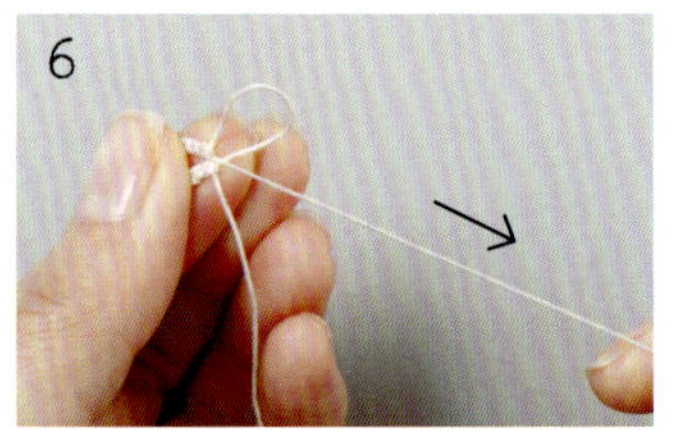

将线拉出时指尖应能感觉到只有芯线移动。如线环变小，就先停一下。

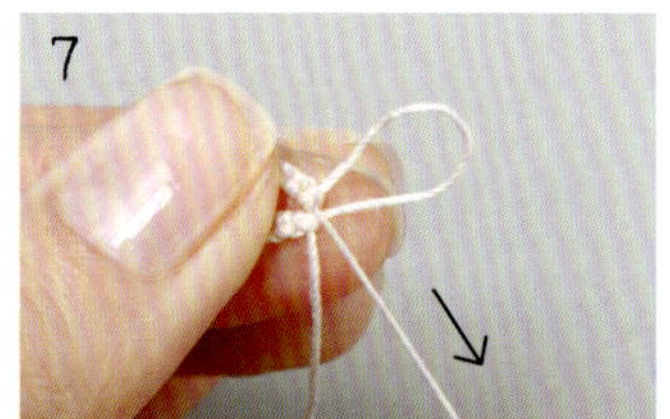

将元宝针起始和收尾的针脚紧贴在一起，再压住整个环直到圆环全部收完。

将线抽紧后的样子。

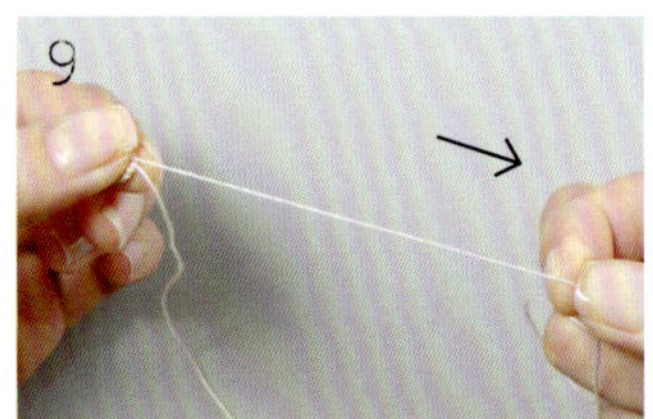

抽紧线时捏住线圈，整理大小平衡。

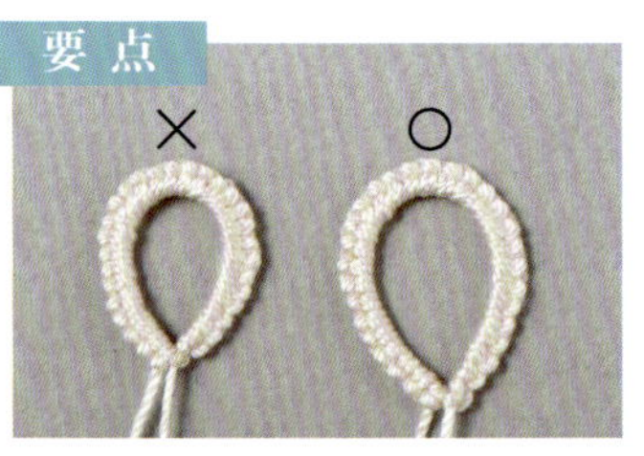

大环收的过紧容易变小，所以重点在于拉线时按压元宝针。

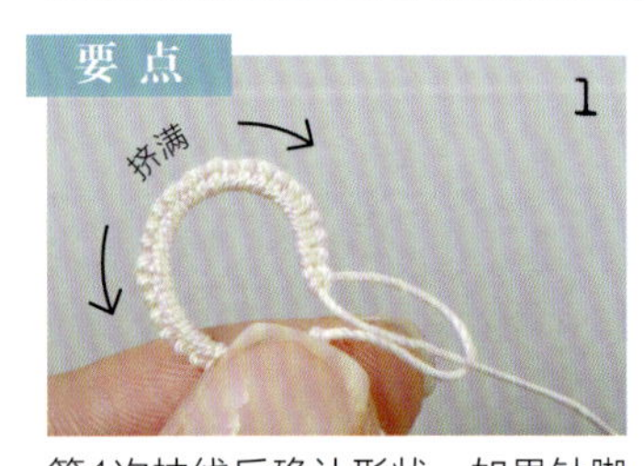

第1次抽线后确认形状，如果针脚挤得满满的话，就将其拉平整。

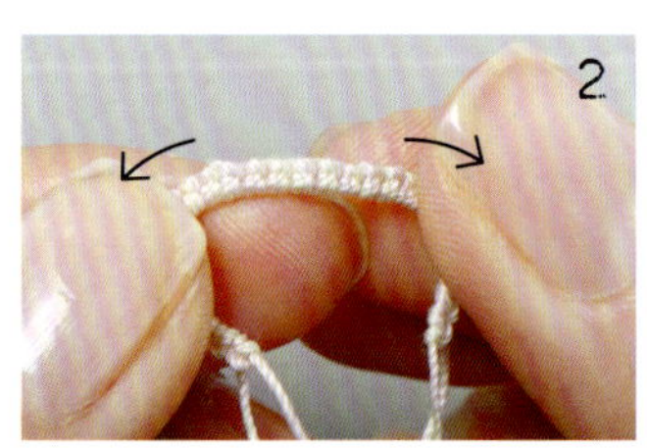

最好看着环的状态一点点地将线收紧。

接耳

从之前制作好的耳处拉出中指的线，将元宝针与元宝针相连。这里是将环与环相连。

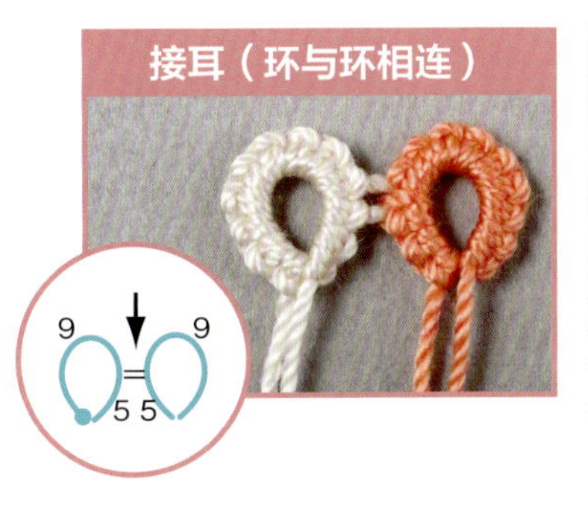

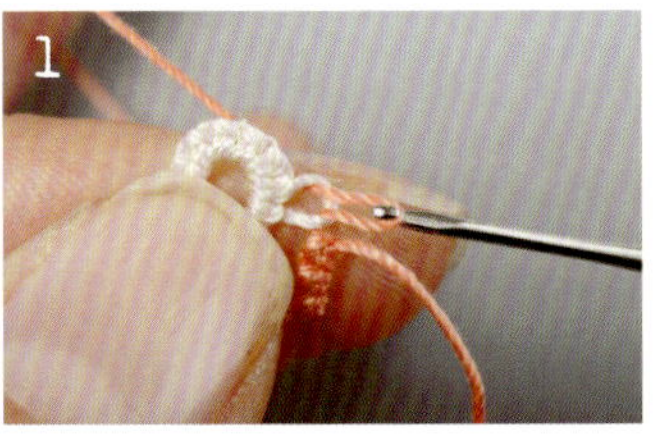

制作5针元宝针后，用钩针从之前制作的耳中拉出中指的线。

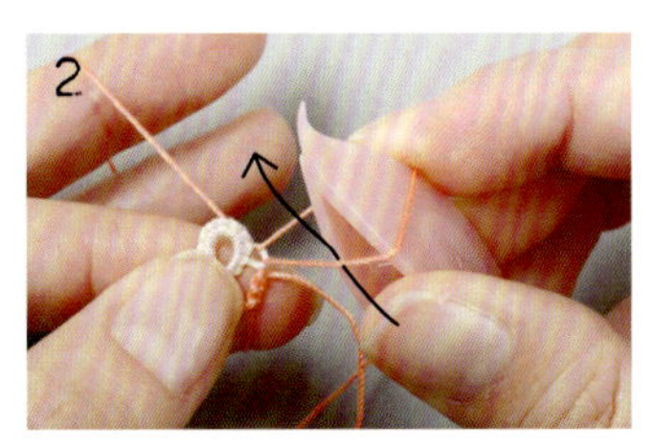

在拉出的线环中将梭编器穿出。

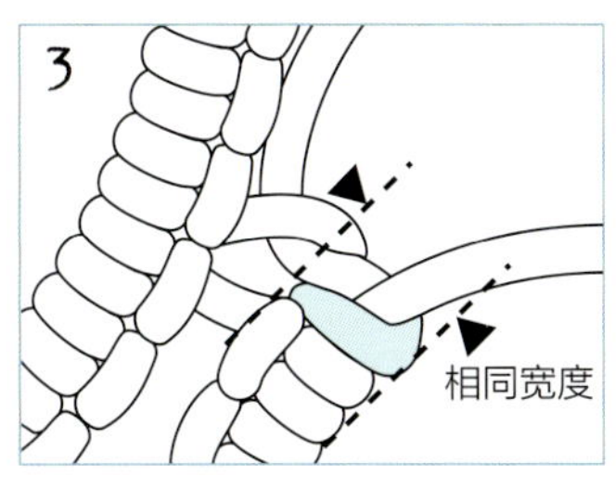

拉动中指时注意对齐接耳处与元宝针的宽度。

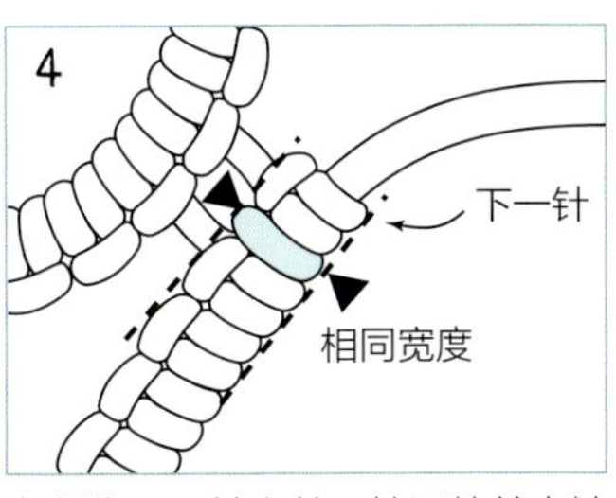

在制作下一针之前，接耳处并未被固定。

中指拉动过头的话，环会顶起无法抽动线。

拉得过松的话，闭合效果不好，美观度差。

翻转（RW）

元宝针的曲线总是朝上，将作品翻面使其上下翻转，
更换芯线，通过制作环或桥将所有设计成为可能。
使用双色线，可以享受一下色彩的变化。
（RW：Revers Work）

制作好环后制作桥。

将环翻转，上下颠倒。

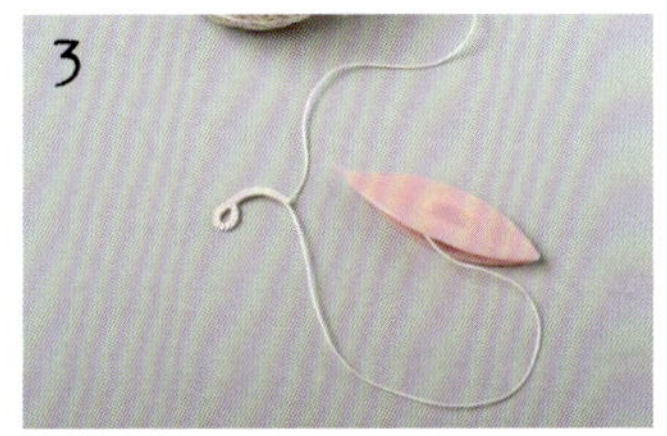

将线团的线挂在左手上制作桥。

换线的话，可使用2种颜色。

要 点

※为清晰易懂地说明，变换了线的颜色进行说明

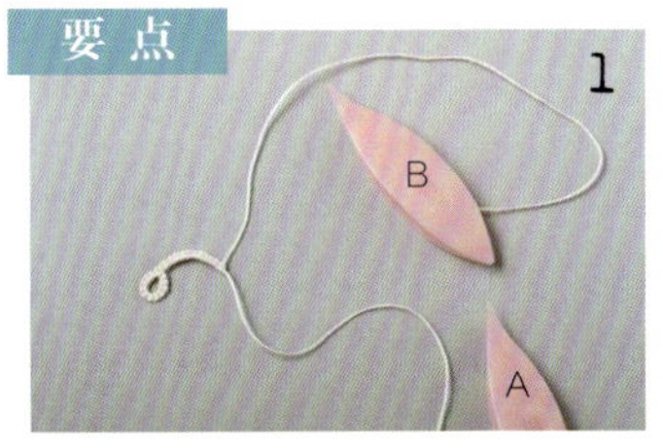

再使用1个梭编器，可在桥上制作环。

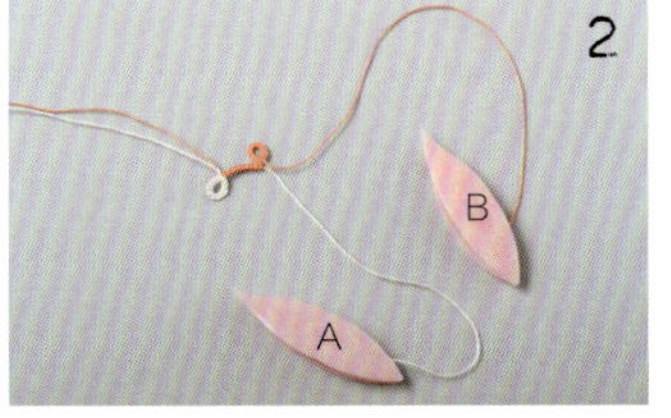

无空隙地用梭编器B从桥处开始制作环。

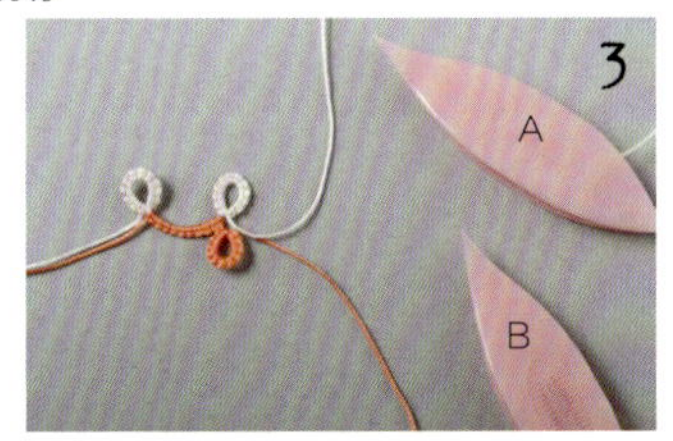

再次翻转制作环后的样子。

继续翻转的话，就变成这个样子。

出现错误时的拆线方法

解开桥的情况

左手上依旧挂线，与编织时相反，将梭编器穿出解线。

不仔细移动元宝针针脚的话，就会看到芯线。

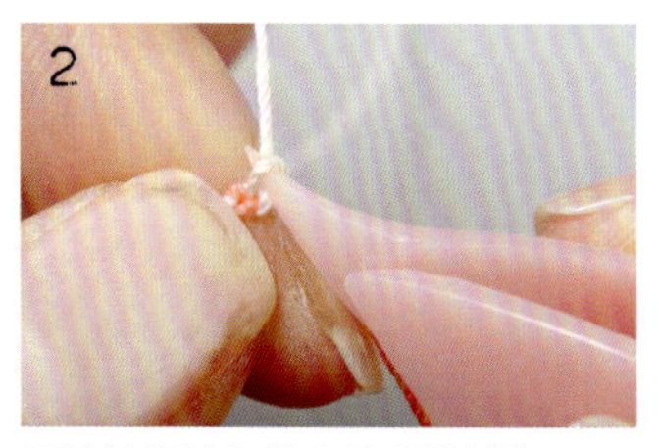

用梭编器的角松开最后的针脚。

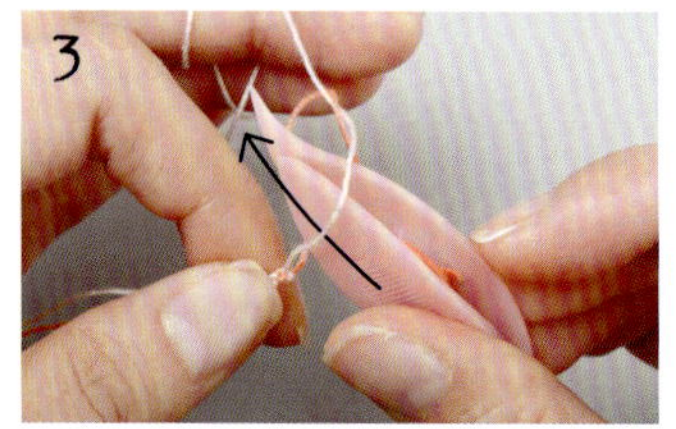

打开针脚，与编织时方向相反，将梭编器穿出。

松开后重新挂线制作新的针脚。

解开环的情况

首先，打开环后再拆解。有修眉夹的话会很方便。

未留意到错误收紧成环。

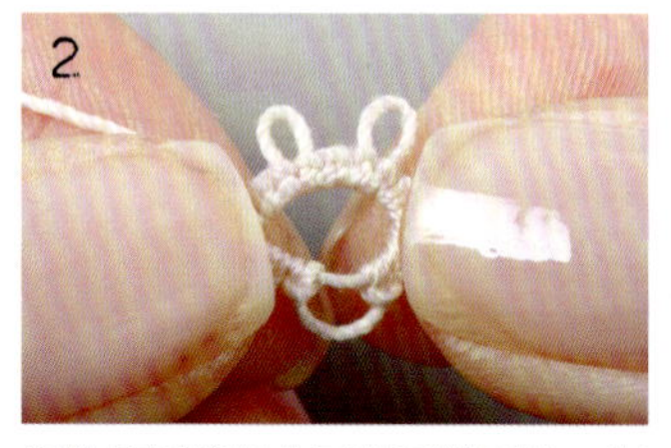

捏住接近编织收尾处耳的两头，打开元宝针。

看到芯线后，压住靠近编织收尾处的元宝针，使用梭编器的角拉出芯线。

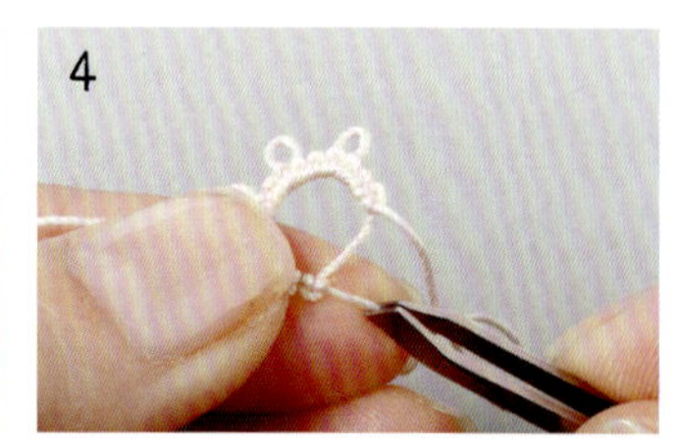

此时，使用修眉夹的话会很方便。使用的是细线时，因线易断，所以要注意。

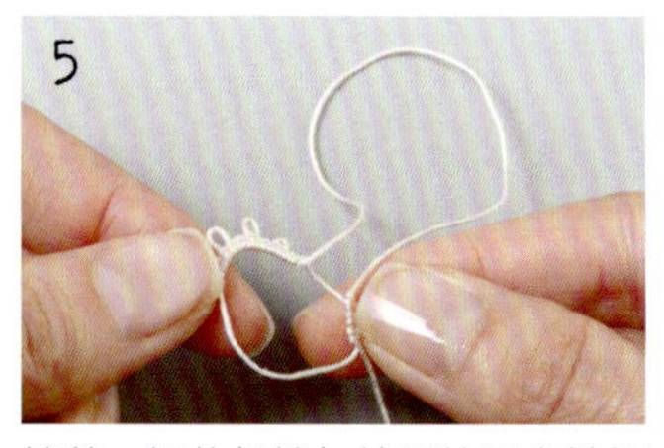

接着，捏住起始与结尾的元宝针打开环的口。

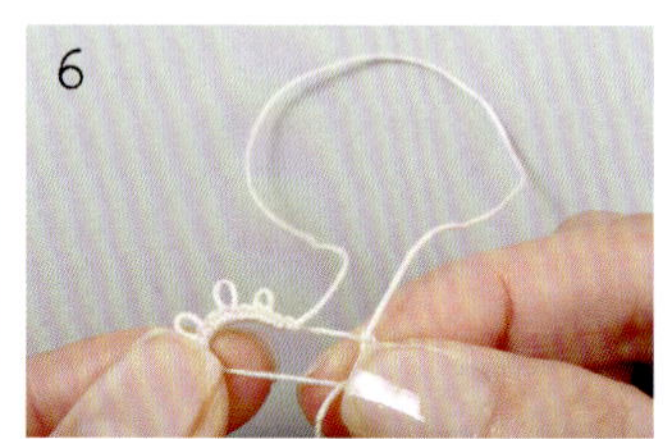

将芯线拉长重新挂在左手上。

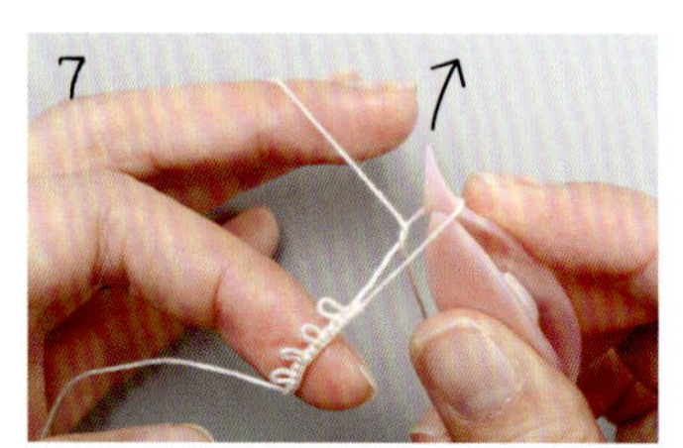

与制作桥相同，半个针脚半个针脚地解开。

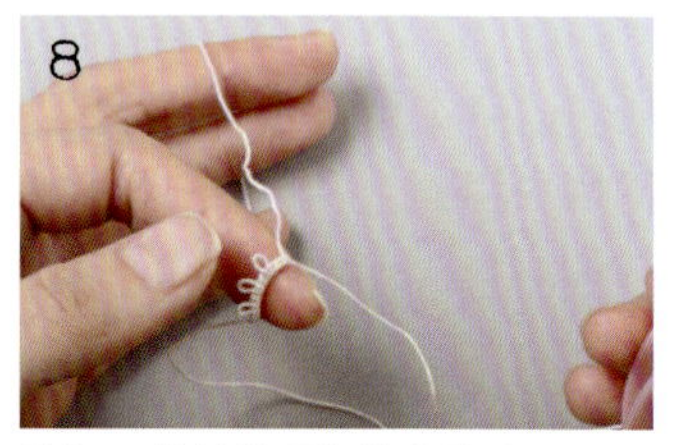

将解开的芯线重新绕在梭编器上，调整线的长度。

作品的正反面

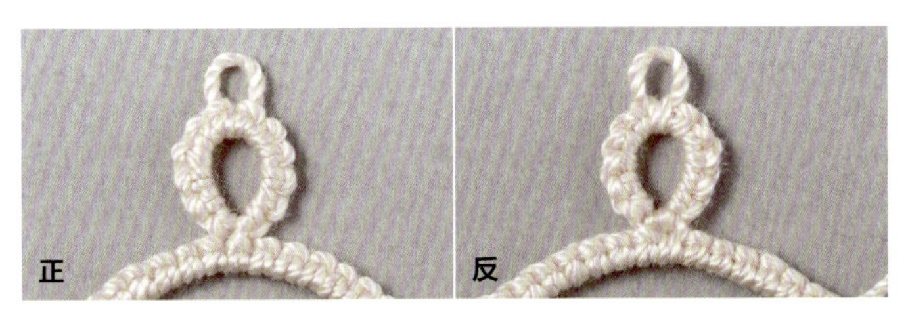

梭编蕾丝是分正反面的，
仅凭元宝针有些难以辨别，
能看到耳左右针脚头部的一侧为正面。
但是，在制作翻转时，因为正反会交替，
最终还是使用以看到漂亮的环的一面为正面，
线的收尾在反面进行。

「分配编织」~让作品看上去更为完美的进阶技巧~

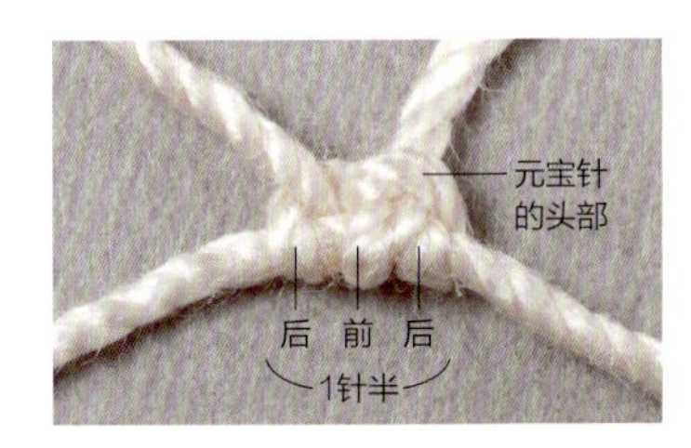

通常在做翻转时，正反交替，将其对齐一致的方法为“分配编织”。
若将起始面确定为“正面”的话，接下去制作翻转的面，就依照“后半针、前半针”的顺序来制作元宝针。
耳在后半针与前半针之间制作。
将此面确定为“反面”的话，每当制作翻转时，需改变顺序进行编织。
初学者易混乱搞错，可以待通常顺序熟练后再来挑战。
※不编织“1针半”的话，就无法制作出元宝针的头部（参照左图）。

[接耳的情况]

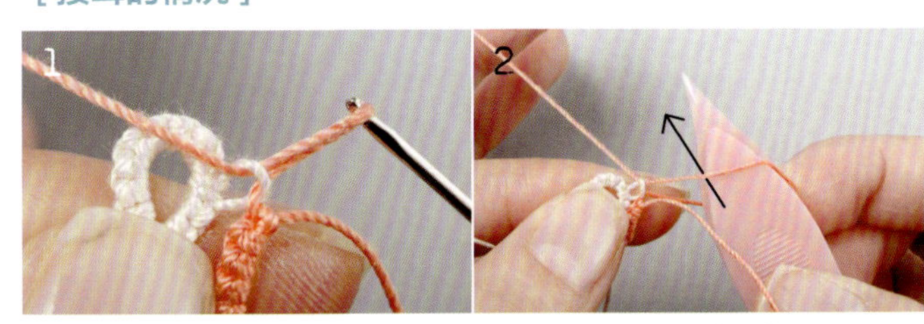

接耳时是从耳下方插入蕾丝针，从耳下面的圆环内将梭编器穿出。

[环的情况]

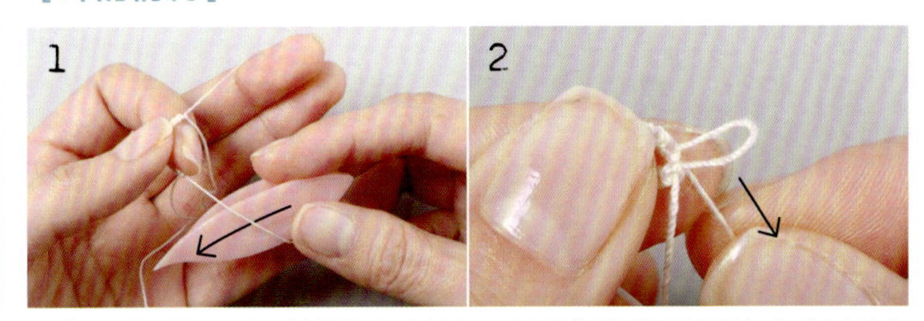

环依照后、前、后、前的顺序来编织，最后将梭编器从环中心穿过后收紧。也许会很难收，但要仔细地将元宝针的起始与结尾紧紧塞入压住元宝针，保持好拉线方向的话就可顺利完成了。

制作手链前

本书中手链的卡扣用的是钩针编织球，扣环是用30针的环来制作的。
编织球用米珠、珍珠、纽扣等代替也是极其漂亮的。
开始之前，预先配合准备使用的卡扣大小制作“试编作品”测试一下扣环尺寸是否匹配。
虽说是“30针的环”，但每个人的力度大小有差异，因而环的大小也有不同。编织球的大小也是同样道理。
作品是使用1根线编织而成的，因此准备好拆几次都不会起绒毛的线，了解并调整好自身力度后再开始制作。

手链的制作方法和顺序

首先，以基础花样来介绍梭编蕾丝的特征。

单环手链

这些均是用12针元宝针的环与6针桥构成的。
①是用标准大小的接耳连接，装饰的耳为传统设计。
②完全没有制作装饰的耳，用小接耳连接的简洁设计。

用小接耳连接时，
环及桥之间完全紧贴，
因此没有空隙，
形成严丝合缝的感觉。
标准的接耳
能表现出渡线的通透感，
并营造出纤细、精致的氛围。
带有装饰作用的接耳
也有很多的变化。

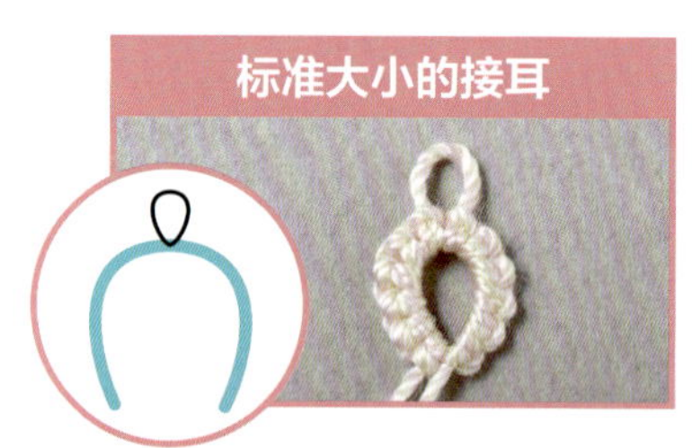

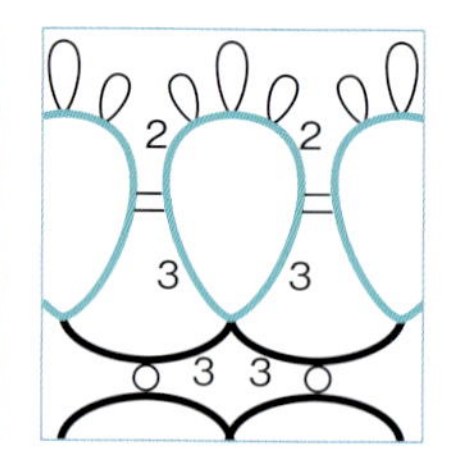

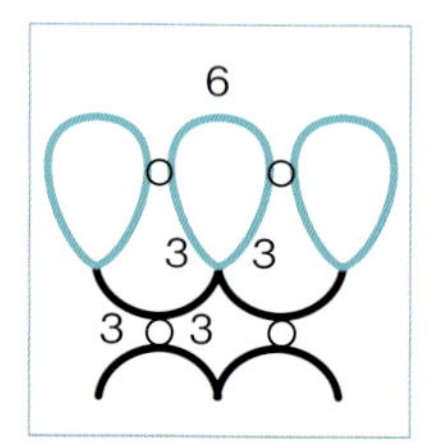

装饰耳

耳可以有各种各样的变化。通过耳的使用，能为作品带来丰富的变化。

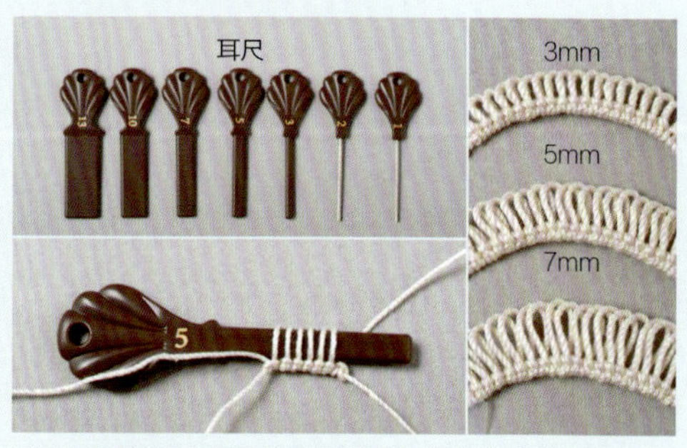

耳的大小原则上是用手来调节制作的，但制作对齐高度较高的耳时，难度就变大了。此时就要用到称为“耳尺”的工具。

[手链花样]

前进方向

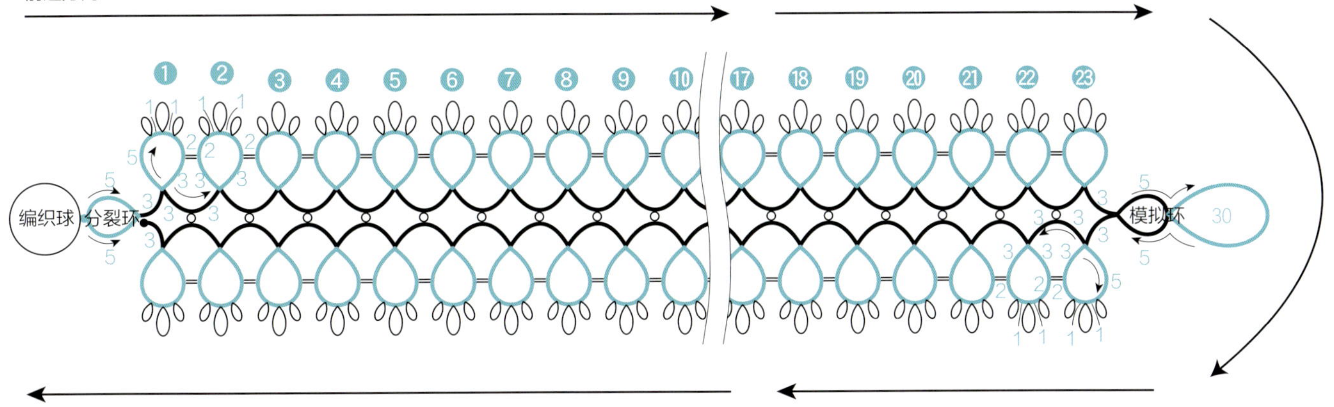

本书的手链是从制作编织球开始的，
不断线一气呵成地制作。
首先，在梭编器A上绕所需长度的线，使用线团的线制作编织球（编织球）。
之后，在梭编器B上绕所需长度的线。
制作方法是以**“制作好编织球后用梭编器A开始”**为基础，
记住耳环也都是以梭编器A为主。

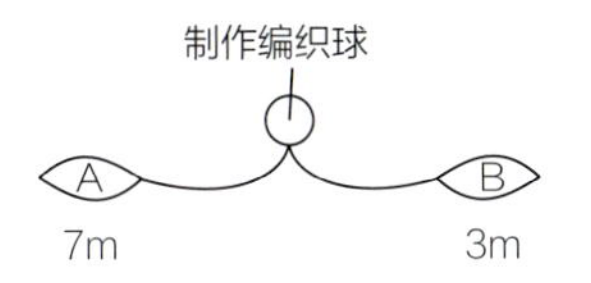

❶制作编织球（CB：Crochet Ball）

基础编织球

[编织球的编织图解]

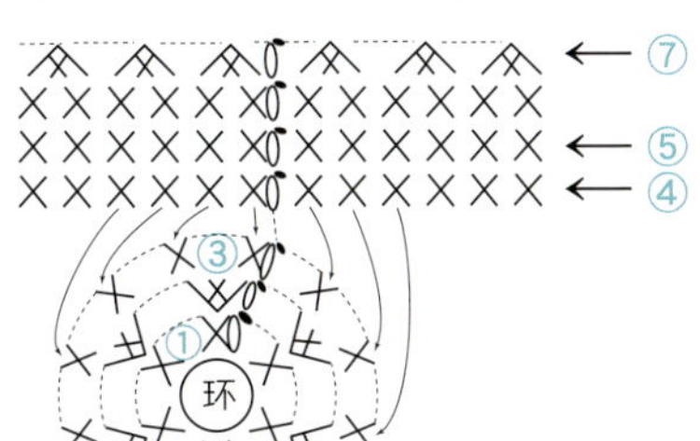

[针数表]

圈数	针数	加减针数
7	6	-6
3~6	12	
2	12	+6
1	6	

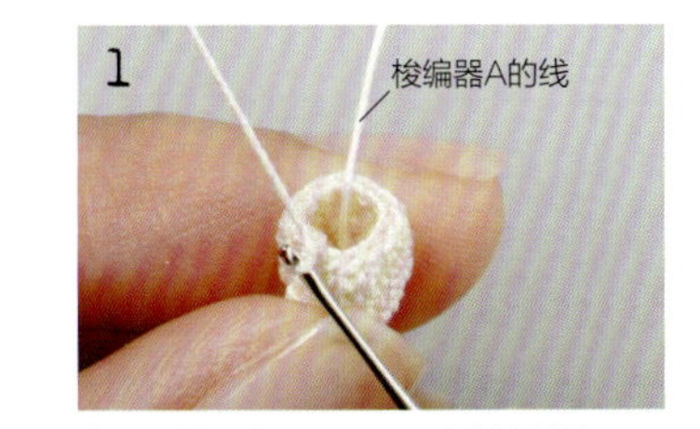

钩至编织球最后一圈之前的样子。不要将线一起钩入，避开梭编器A的线来制作。

编织球里面塞入同色系的多余线头。塞入大量的线使其变成圆滚滚的小球（a）。用10号蕾丝针钩完最后一圈（b）。

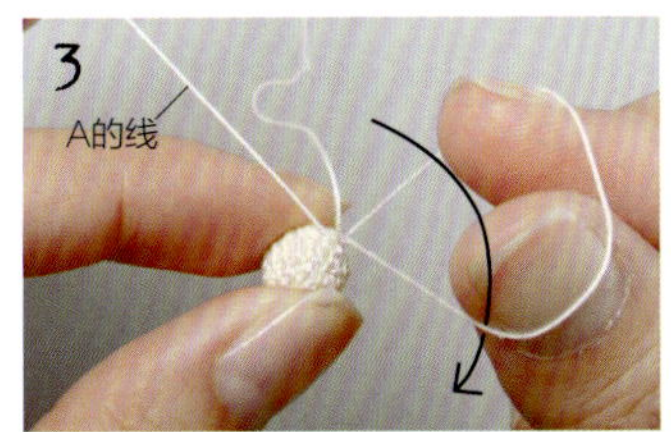

将线团穿过线圈，完成编织球。

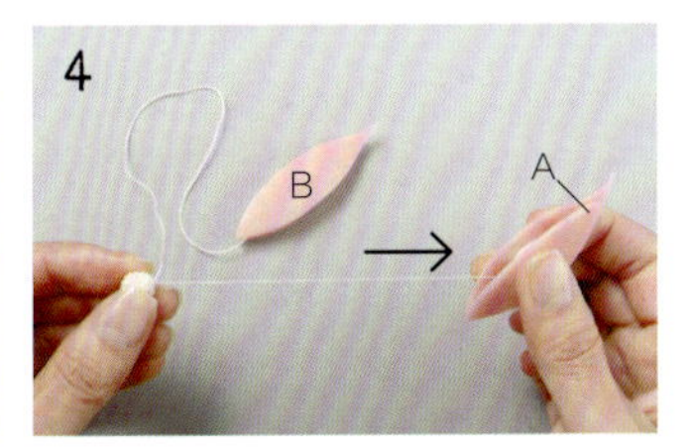

在梭编器B上绕线后完成准备。开始之前拉动梭编器A确认有没有与多出的线一起被塞入。

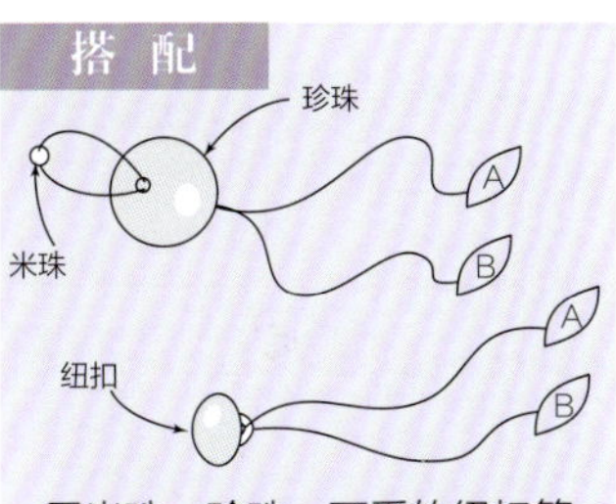

用米珠、珍珠、可爱的纽扣等代替编织球也别有一番趣味。此时要注意调整扣环的大小。

❷制作分裂环（SR：Split Ring）

是将环颠倒的制作方法。可以制作纵向排列的环。
头部朝向右侧分裂环称为云雀结（LHK：Lark's Head Knot）。

将A的线作成圆环编5针元宝针，从手上取下圆环翻转后重新拿起。

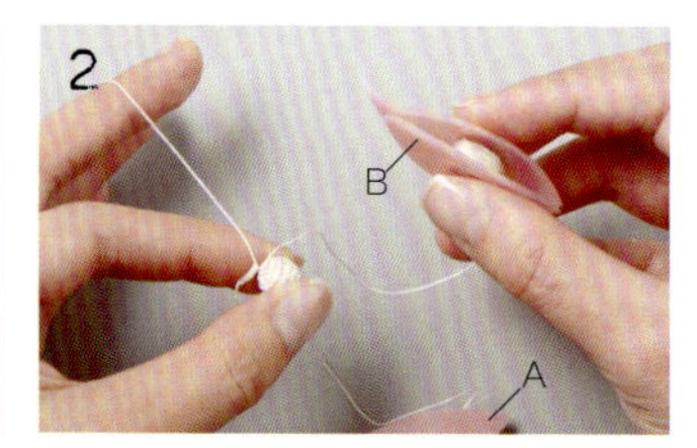

拿着梭编器B，制作头部朝向右的元宝针。从这里开始所制作的针脚被称为云雀结。

此处的元宝针是反过来用中指的线作为芯线，先制作后半针，针脚不移动。

※为便于理解，是在没有编织球并变换了线颜色的状态下进行讲解。

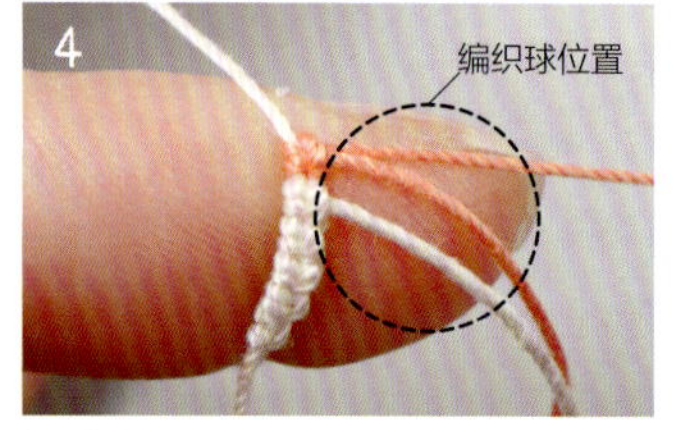

接着制作前半针，梭编器的线自然地拉下来。一定不要松开中指上的线。

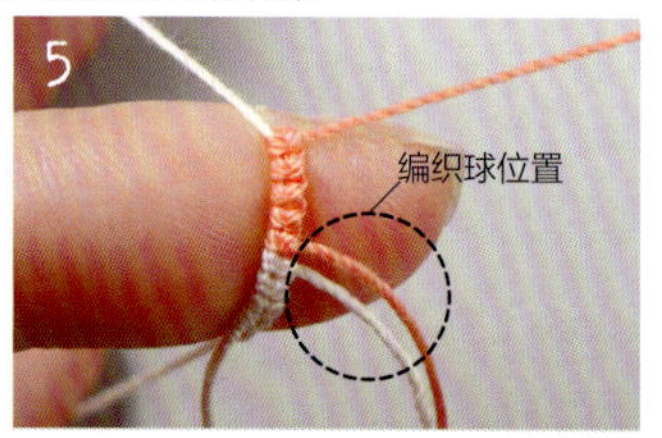

在中指的芯线上一个叠一个地制作针脚。

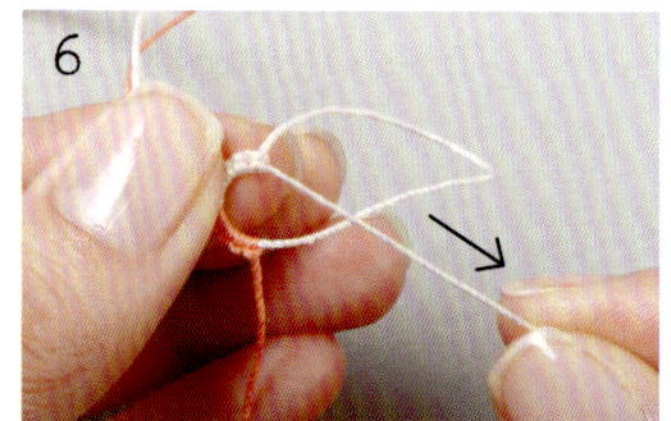

编织5针后再次换手拿梭编器，拉动梭编器A收紧环。

与制作环时相同，将元宝针的起始与结尾处贴紧抽线。

有关设计

此花样如果不制作分裂环的话，用1个梭编器就可以制作。这种情况下折返时，也不制作小环（模拟环）。同时也可按增加数量调整分裂环的相同方式来调整尺寸。请根据喜好并在调节尺寸时作为参考。

❸制作叶片部分

从这里开始是重复编织环与桥。可以在木板、尼龙台上固定手链，边测长度边继续编织。

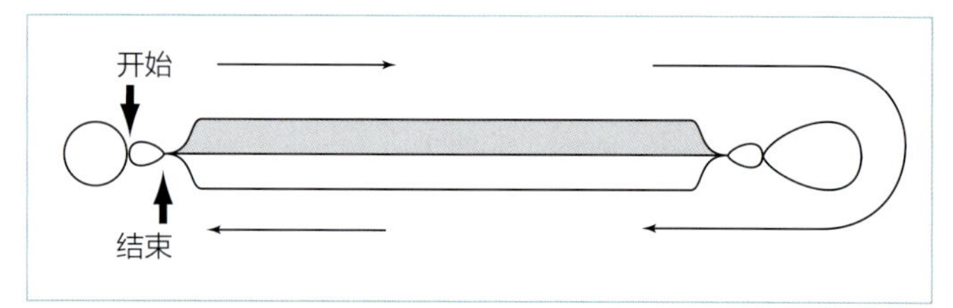

因为整体犹如一气呵成般地相连，所以先制作上半部分。接着再反过来制作下半部分，最后返回起始处。

完成分裂环后翻转，将B的线挂在左手上，用梭编器A制作3针桥。

再重复翻转制作环。基本上只使用梭编器A。

❹转折点的制作方法

确认长度后，在扣环之前制作的小环称之为**模拟环（MR：Mock Ring）**（详细请参考p.45）。

编好最后的3针桥后翻转，左手上挂A线，捏住最后的针脚。

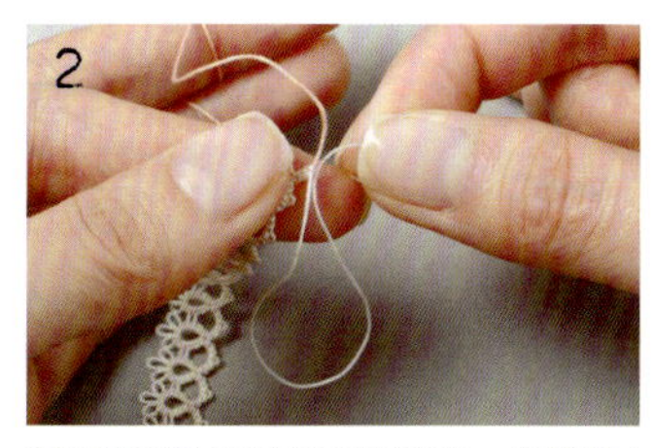

就这样将B线长长地拉出，轻轻捏在相同的位置。

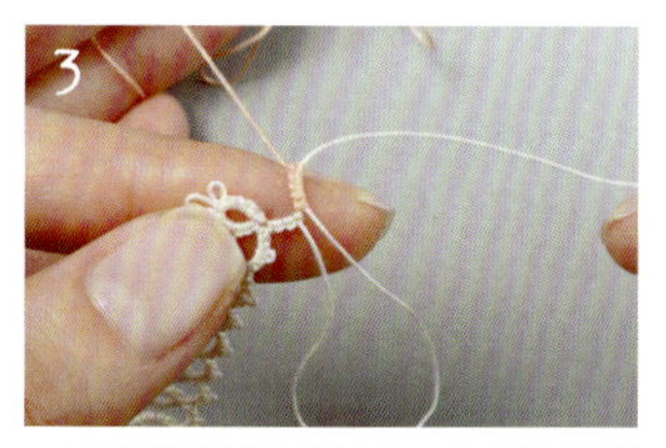

一直捏着制作元宝针。与3针桥无空隙地挤靠针脚。

5针元宝针完成后，用梭编器A制作30针的环。与桥无空隙地进行编织。

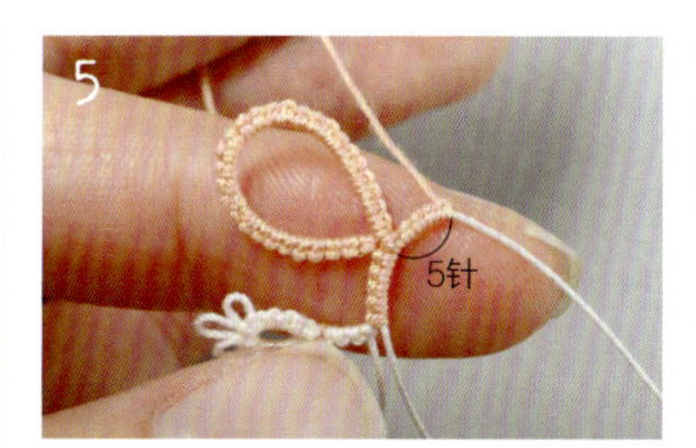

完成扣环后，在左手上挂A的线，用梭编器B制作5针元宝针。

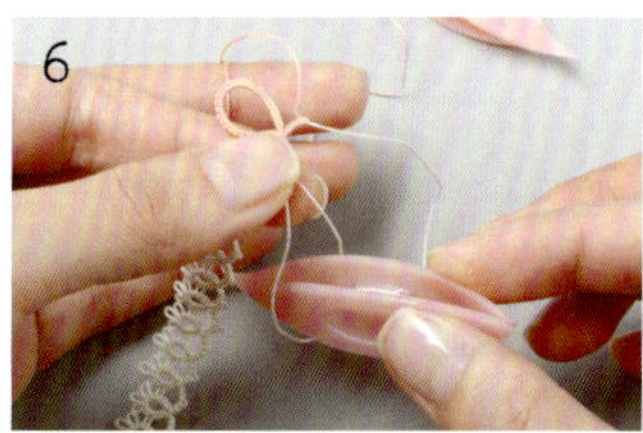

最后在步骤2的芯线圆圈中垂直穿过梭编器B后收紧。

翻转后用梭编器A制作3针桥，继续翻转制作环。

❺最后线头的收尾

编织到最后将线剪断，穿过芯线起始的分裂环，线打结后用缝衣针缝合好，再在此处涂胶加固。

将线剪断，从分裂环处将芯线引到反面。

参考上图编织。最好用针固定后连结。

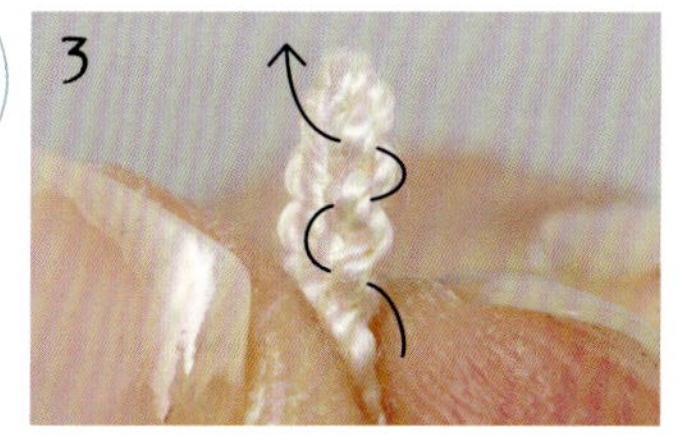

线头是在针脚与针脚之间穿入3次以上后收尾。

剪掉多出的线，用圆点笔涂上少量胶水。也可以用牙签来代替涂抹。

❻完成

制作时手链会被左右拉动，所以留意要稍紧凑地编织，并使用足量的高温上浆剂。
如果希望定型牢固，也可以像书签一样夹到书里面。接触到熨斗的蒸汽，针脚就会柔软蓬起。
喜欢较松软的手感，也可使用整体涂上薄薄的胶水或是用专用上浆剂进行表面处理。

梭编图解的阅读方法・基础作品的技法介绍

图解的阅读方法

符号	说明	符号	说明	符号	说明
●	…开始	＝	…接耳	C	…桥（p.24）
•	…结束	—	…芯线接耳	R	…环（p.26）
数字	…元宝针的针数	❋	…约瑟芬结	RW	…翻转（p.27）
○数字	…前半针或后半针针脚的数目	↗	…编织方向	SJ	…芯线接耳（p.37）
●数字	…编织顺序	◉	…放入回形针开始	SR	…分裂环（p.32）
━	…桥	◉	…放入回形针	MR	…模拟环（p.33,45）
━	…环	DS	…元宝针（p.24）	LHK	…云雀结（p.32）
○	…耳	WS	…工作梭（p.22）	JK	…约瑟芬结（p.39）
○	…小接耳	P	…耳（p.25）	SC	…分裂桥（p.38）
				CB	…编织球（p.31）

※依据花样，小接耳为“○”、普通接耳省略为“═”。芯线接耳为“⊘”和“—”。

NO.5~8 仅分裂环的花样 图片 p.5 / 制作方法 p.47

不进行翻转
仅仅制作分裂环。
最后装饰的模拟环，
替换为分裂环也没关系。
不留空隙地进行制作。
耳环用梭编器A从制作6针元宝针、耳、8针元宝针（8针元宝针、耳、10针元宝针）的分裂环开始。

[5·6 手链]

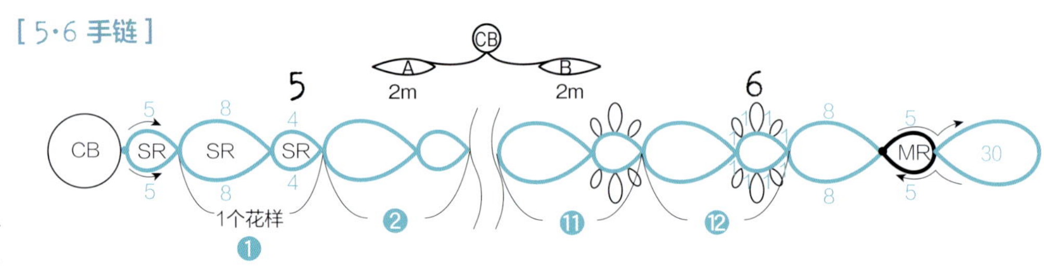

[7 耳环]　[8 耳环]

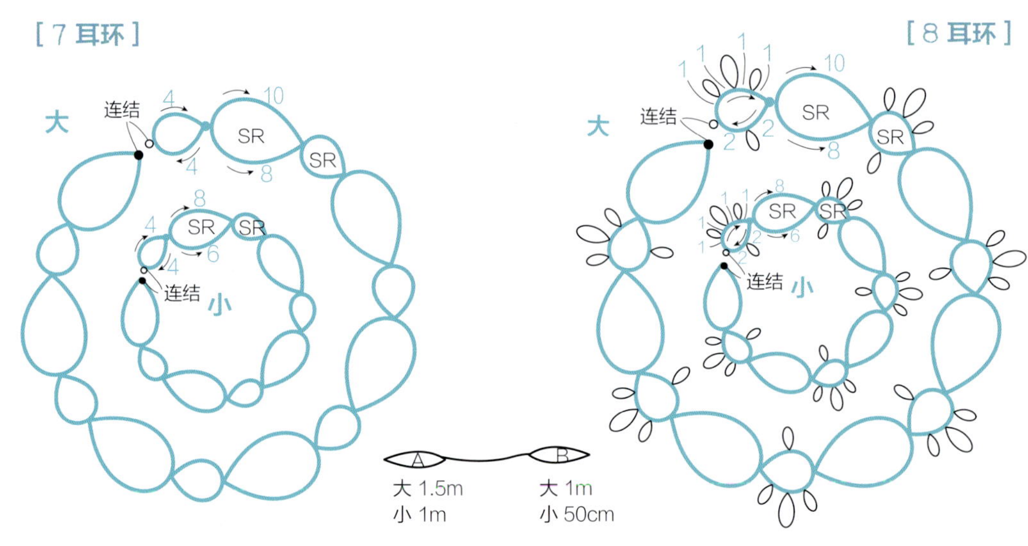

NO.9~12 连续的2个环与桥的花样 图片 p.6 / 制作方法 p.48

●与p.30的作品相同，将环与桥翻转后进行制作，但起始环是用梭编器B不翻转的状态下制作。之后梭编器B成为工作梭。

●制作接耳的话，因为会增加半个针脚，所以折返制作的环稍用力收紧会更漂亮。

※为使外侧耳看上去美观，要牢记需翻转，分配编织时，将AB的长度反过来操作较为简单。

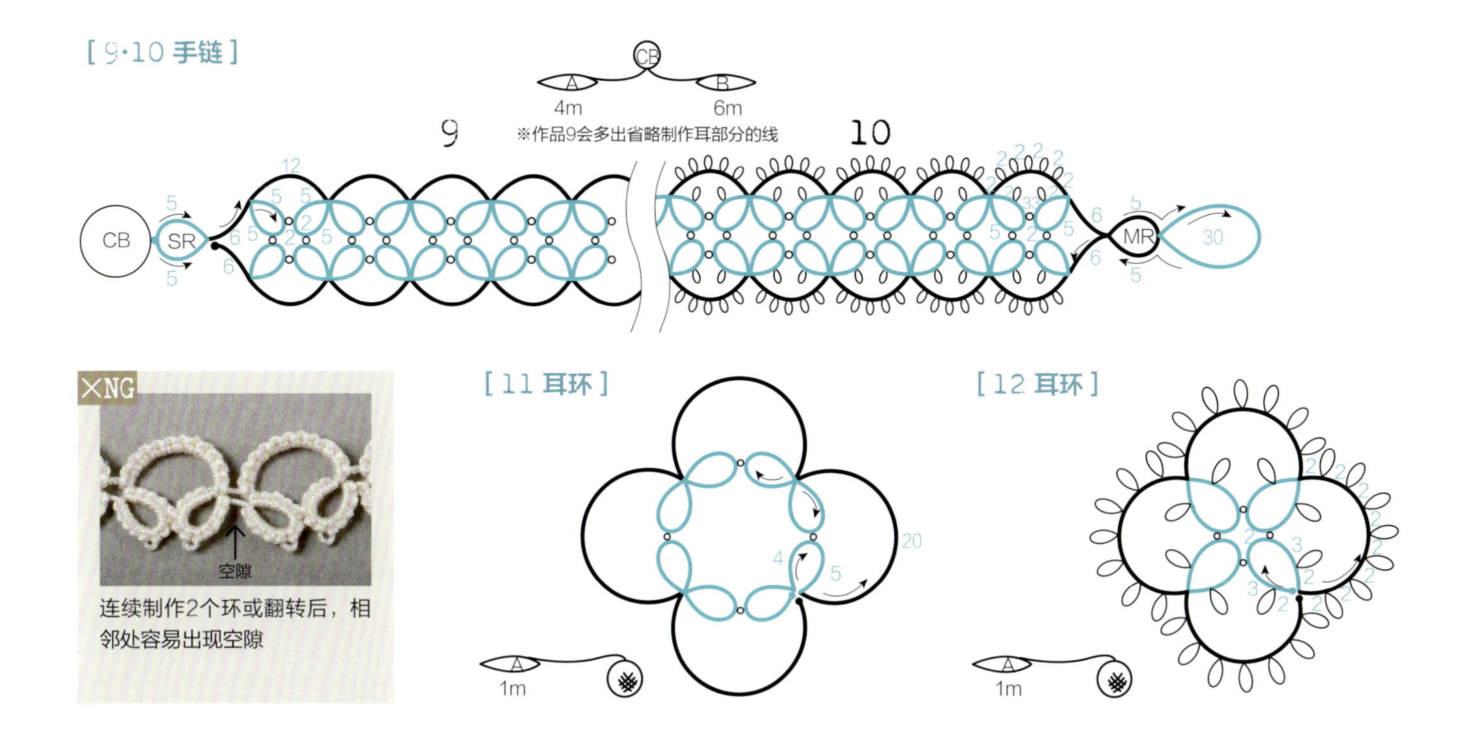

NO.13~16 连续的3个环与桥的花样 图片 p.7 / 制作方法 p.49

与p.30的作品同样将环与桥翻转制作，但不制作装饰的小分裂环和模拟环，而是将其作为叶片的一部分。

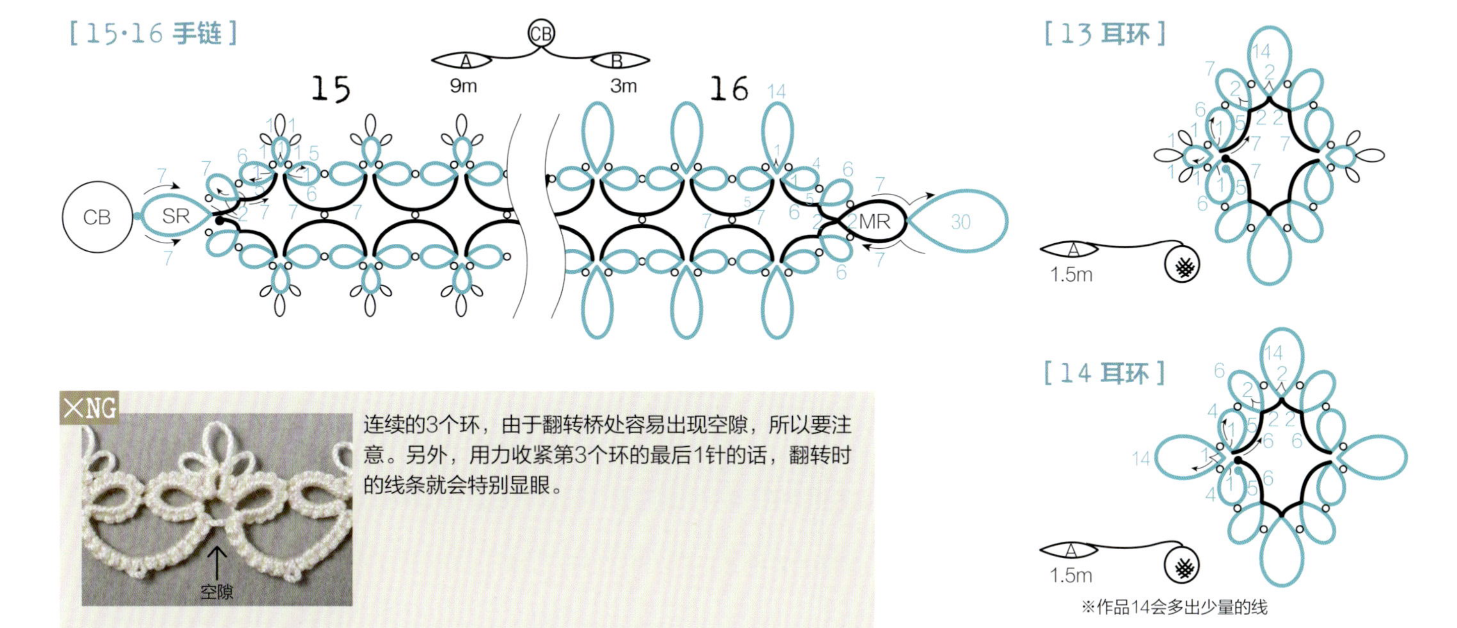

开始与结束处的接耳

想要在右侧接耳时，需要将作品弯折。也有在难以折弯处接耳的情况，所以用小花片来练习下吧。

首先，将想要连接的耳拿在左侧，将环弯折。

此时，确认B的线是不是在背面。

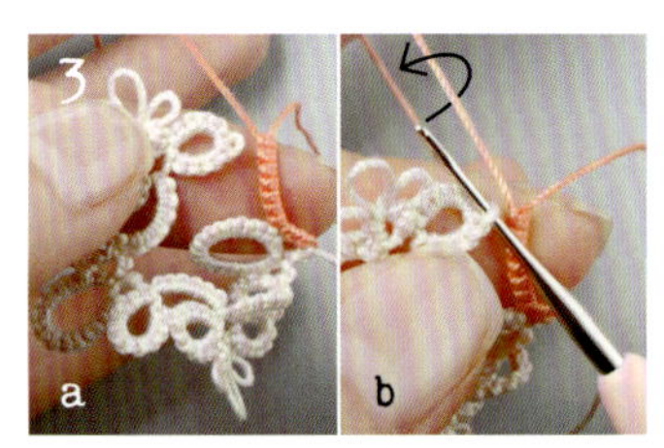

环翻转的状态（a）。插入蕾丝针拉出中指的线（b）。

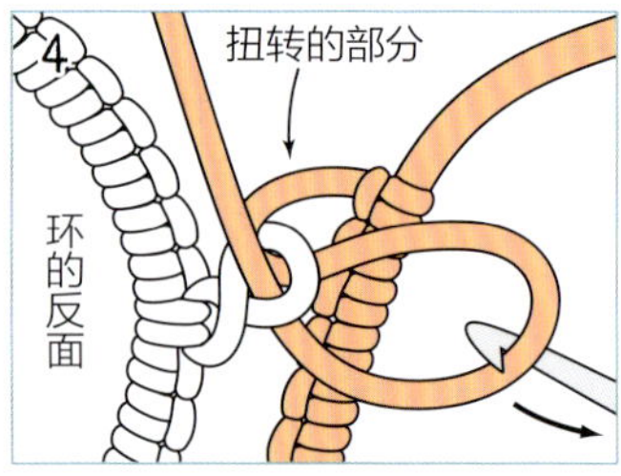

之后再理顺扭拧着的线。

将线拉出后，从下面将梭编器穿出。

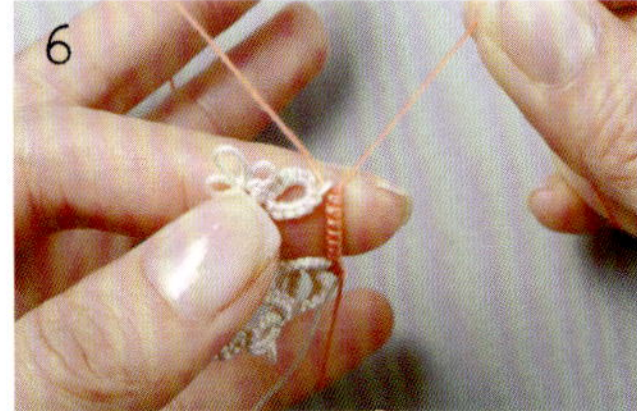

拉中指的线。环保持在翻转的状态。

理顺接耳的扭拧，将环向对侧弯折。

按普通接耳的做法一样，将元宝针的头与头紧临移动后编织下一针。

用接耳的方法连接后的状态。确认是否正确相连。

边压着元宝针边抽紧环。

感觉就要绕在一起时，将线压在手指间拉动。

拉紧环后，整理环的大小，翻转后制作最后的桥。

NO.26~31 只用桥制作的花样 图片 p.10,11 / 制作方法 p.52,53

●从分裂环开始翻转后制作桥，芯线接耳后翻转，并将梭编器A与B反向重新拿好制作桥。
重复芯线接耳和翻转，最后制作分裂环后再制作扣环。

●耳环放入回形针后开始编织桥。

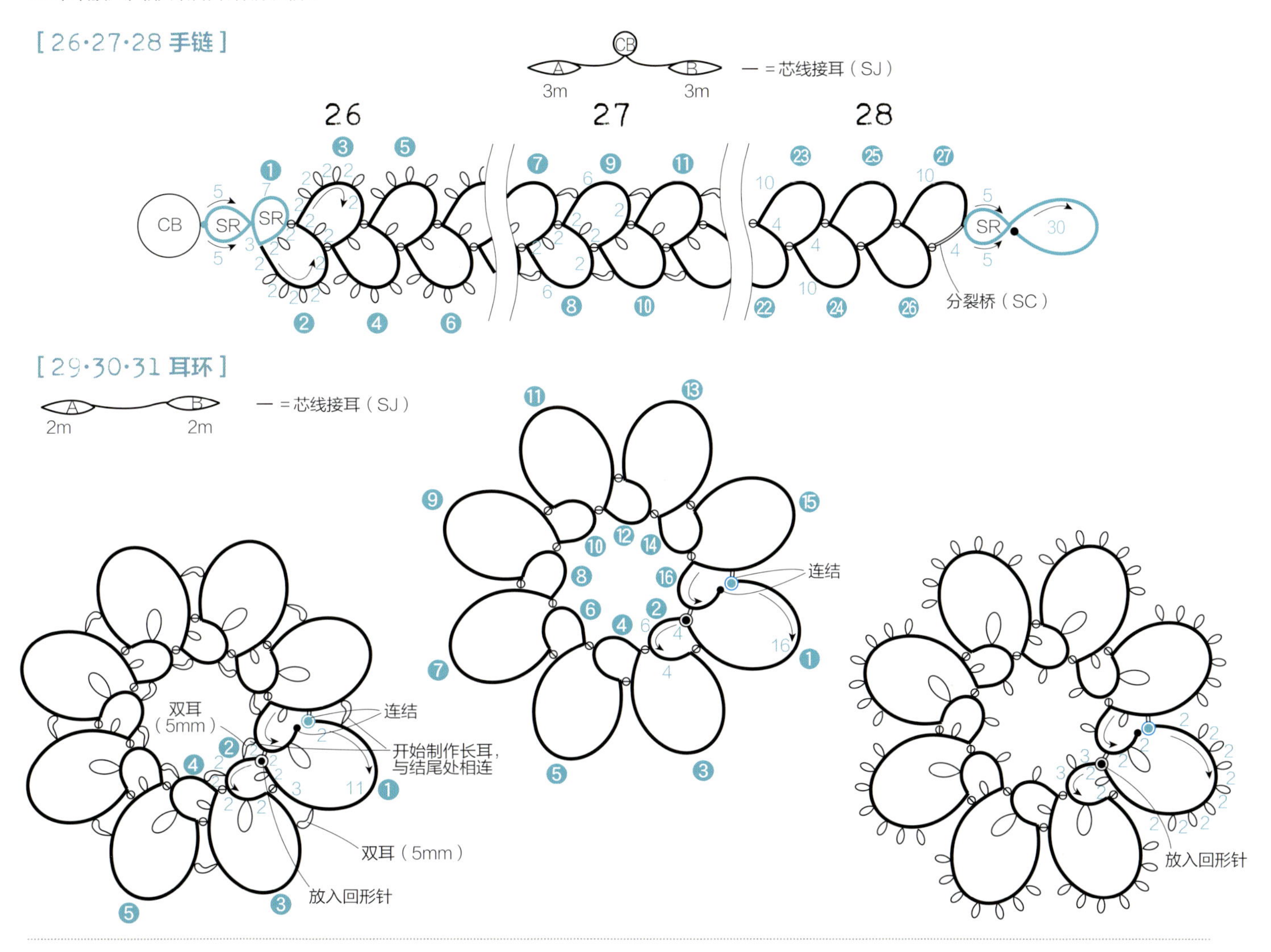

芯线接耳（SJ）

将芯线固定在耳上，并将桥以V字形相连的方法。翻转后制作桥时，换手将桥反着拿。

（SJ：Shuttle join）

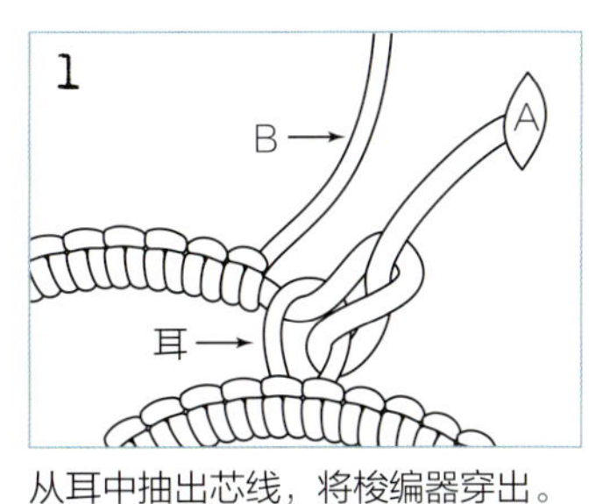

从耳中抽出芯线，将梭编器穿出。

此时，重要的是将桥的最后一针与接耳处紧密靠近。

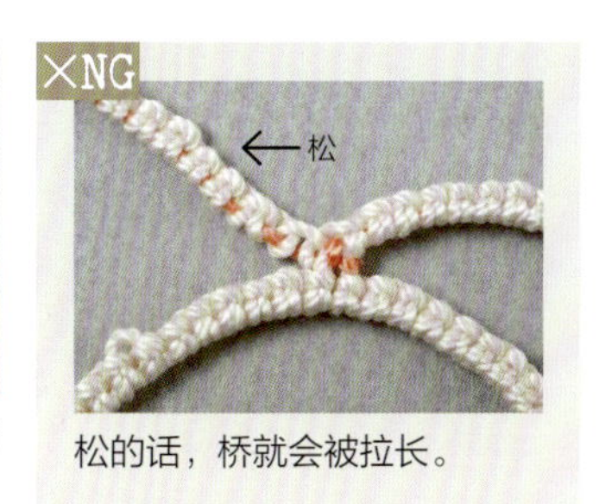

松的话，桥就会被拉长。

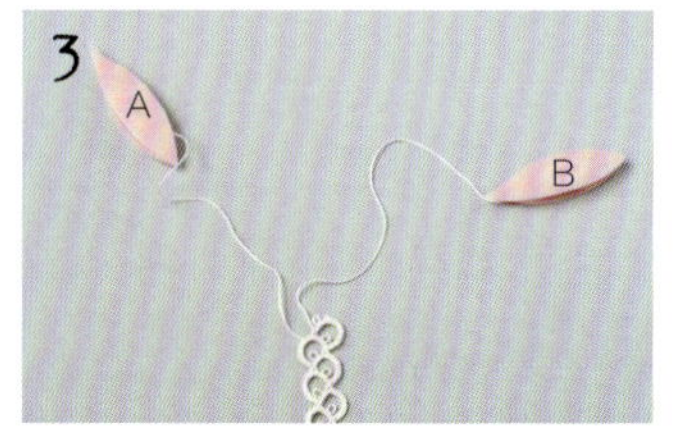

翻转后制作桥，需将梭编器A与B调转方向来制作。

双耳

制作大的耳时，旁边一侧可以制作接耳的环状装饰。使用耳尺制作的话能够使大小一致。

使用耳尺制作元宝针，接着编织下一针。

从耳中拉出中指上的线，将梭编器穿出。

使其与元宝针宽度一致，抽紧制作下一针。

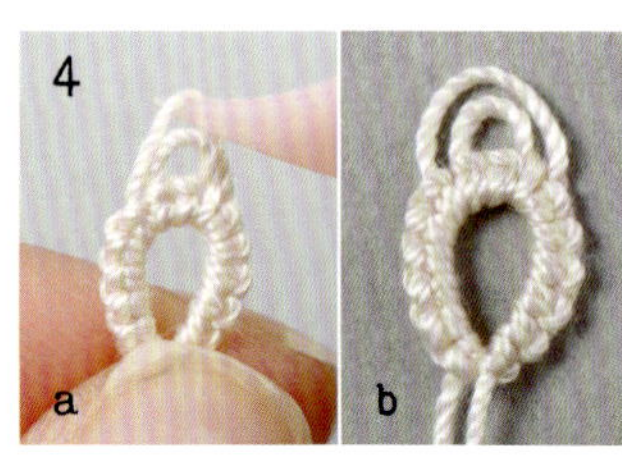

用梭编器的角整理耳（a）。完成双耳（b）。

分裂桥（SC）

为在桥制作的过程中编织环及桥，固定芯线调转过来制作桥。
（SC：Split Chain）

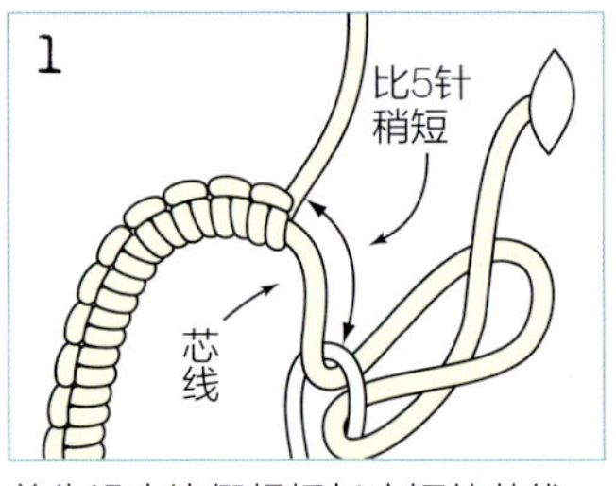

首先设定比假想桥长度短的芯线，并进行芯线接耳。

因为是在纵向芯线上制作针脚，所以与p.32的云雀结使用同样的制作方法来编织。

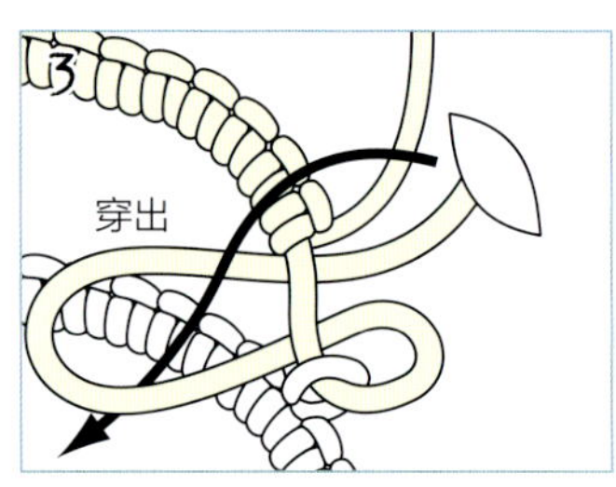

如图所示将梭编器穿出来编织。

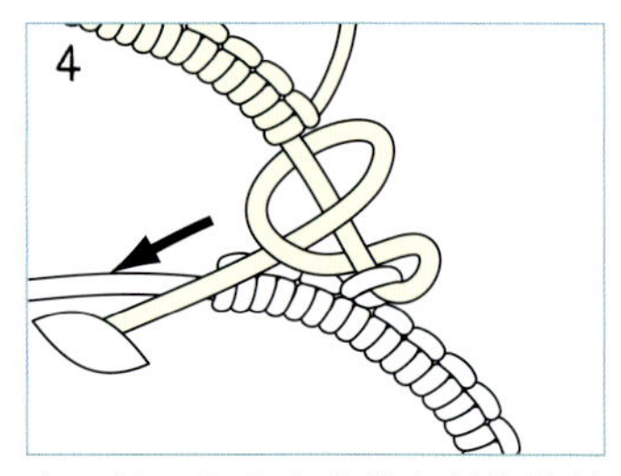

由于并不是穿在芯线上制作的针脚，所以勿将梭编器向右拉。

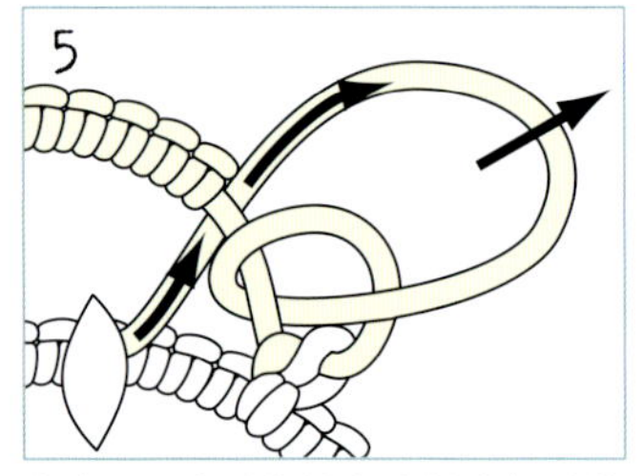

在步骤4中制作的半个针脚松弛的状态下，仅将梭编器的线从芯线上穿出向右移动。

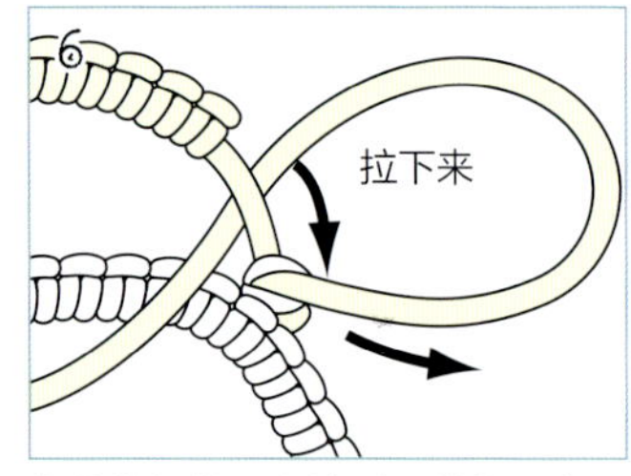

将此线与做云雀结时一样拉下来，就完成了半个针脚。

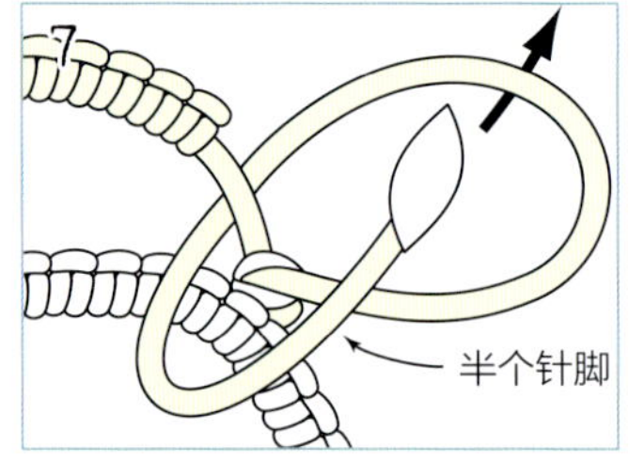

接着如图所示将梭编器从线圈中穿出。

待梭编器拉下来后完成第1个针脚

在短芯线上制作针脚难度较大，因此使用修眉钳操作的话会更顺畅。

最后的针脚是将在制作过程中的桥分开整齐地收进去。这样就漂亮的完成了桥。

NO.17~20 约瑟芬结（JK）的花样 图片 p.8 / 制作方法 p.50

[19·20 手链]

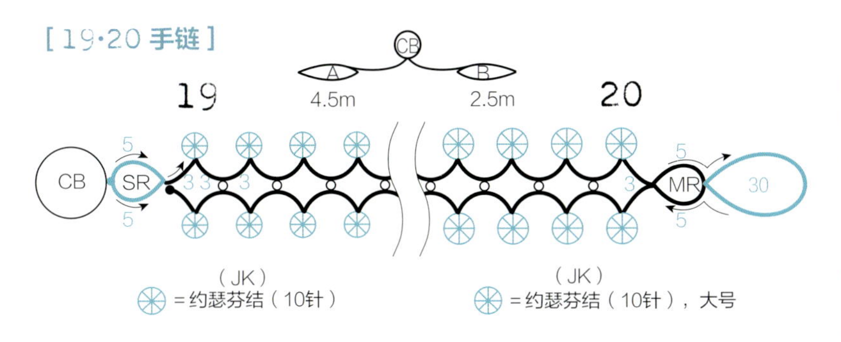

[17·18 耳环]

因为耳环是由2层构成的，
所以做好第1层后剪断线，
绕上新线后制作第2层。

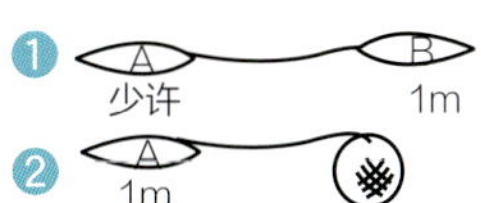

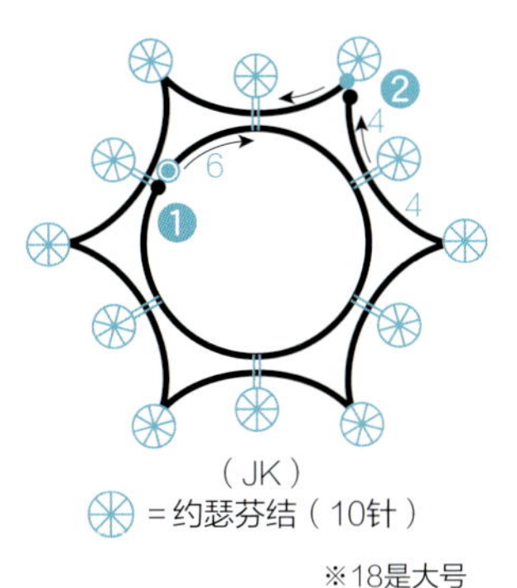

约瑟芬结（JK）

约瑟芬结与环同样的制作圆圈，只重复编织10次前半针（或是后半针）的圆形装饰。
次数可以按自己喜好进行改变。
（JK：Josephine Knot）

约瑟芬结（JK）

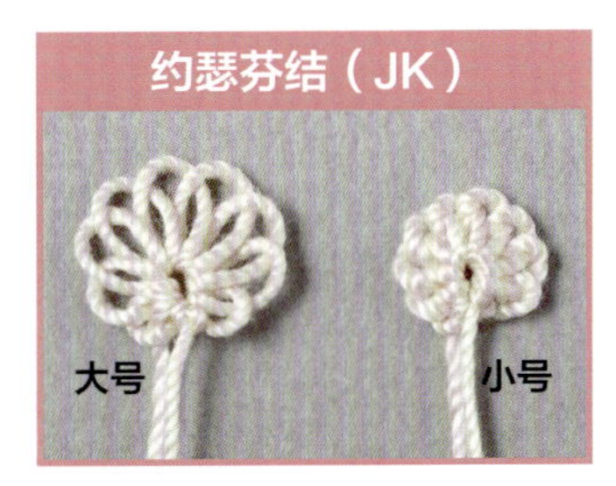

- 手链是将1的环做成约瑟芬结的花样。将半个针脚分别编织10次。
- 一般的约瑟芬结，是指小号约瑟芬结。
- 大号约瑟芬结针脚较松，可以制作成漂亮的新月形，
  线抽紧后，可以通过梭编器的角来整理形状。

圆形

将模拟环呈圆形拉线整理。

耳环的第1层用回形针开始编织。

在桥上空开1个桥的距离制作约瑟芬结。

最后取下回形针，用蕾丝针将芯线拉到背面。

形成模拟环后的样子。

要 点

- 拉出芯线整理圆形。
- 模拟环是用桥做成圆形的方法，可在环的上面制作多个环及约瑟芬结。使用回形针时，通常进行芯线接耳（参照p.37），但在制作圆形轮廓时也适用。

重叠相连

将元宝针朝相同方向相连，用跨环或约瑟芬结来制作桥或环的方法。芯线可以活动。

从制作约瑟芬结开始，制作桥的过程中在第1层制作的空隙内重叠相连。

从第1层约瑟芬结的空隙处拉出中指的线，并将梭编器穿出。

梭编器穿过后的样子。抽紧中指的线。

接着制作6针元宝针。芯线可以活动。

NO.21~25 螺旋结的花样 图片 p.9 / 制作方法 p.51

●不制作装饰的分裂环和模拟环，制作螺旋结。
●因为芯线相同的话，环会打开，所以制作扣环后需做好锁编织（参考p.43）。
●由于针数是大致推算出来的数字，因此分裂环的数量可以依据喜好改变，根数也可以进行增减变化。
※制作最后1个分裂环时，在梭编器上绕2m的线

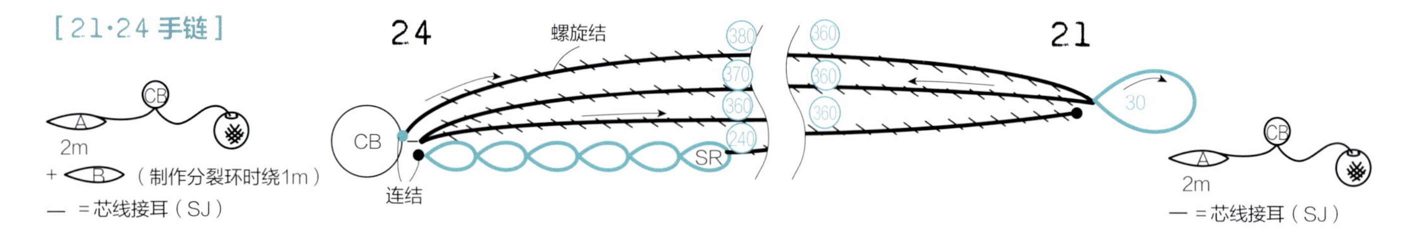

螺旋结

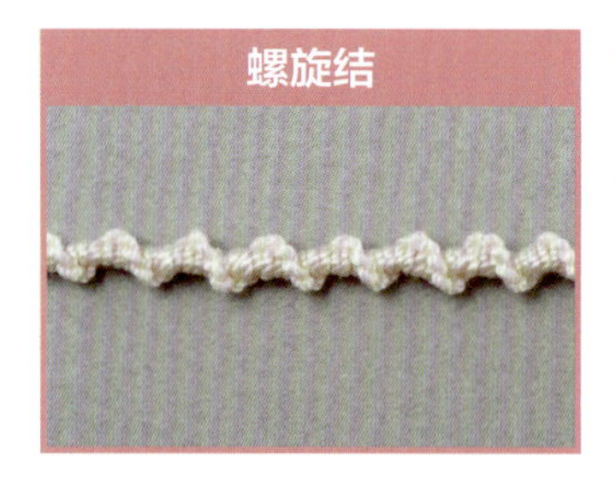

所谓的螺旋结就是指螺旋编织的意思，通过连续编织前半针（或后半针），制作出扭拧的效果。

可制作出如图所示将前半针和后半针分别相互交替编织4针的锯齿结。针数也可根据自己的喜好来改变。

●22，23都是从编织球（CB）开始的，但23是去除放在球下面的回形针，进行芯线接耳（参照图片）。
●22、23都是用螺旋结围成的，22为6根，23为4根。

23是从起始编织的中心处将A线抽出球外，放入回形针。

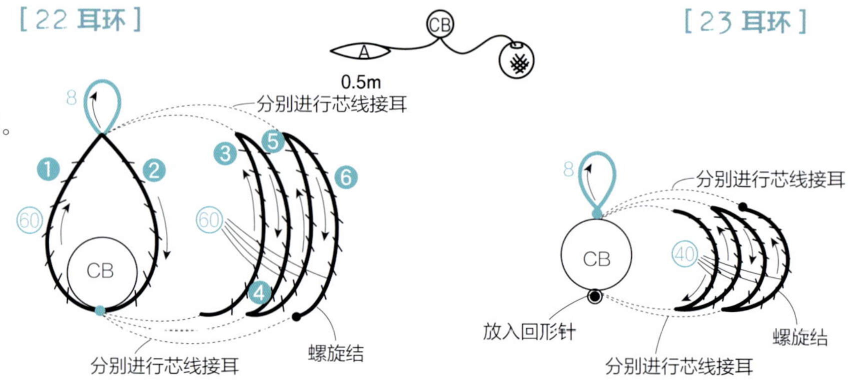

NO.32~35 克鲁尼叶片花样 图片 p.12 / 制作方法 p.54

●始终以梭编器A作为工作梭。制作分裂环，翻转后制作克鲁尼叶片。

●耳环与手链一样，32的编织球是将基础图解中省略了一圈，最后制作环，在开始的分裂环处打结。

●34为环状，从分裂环处开始制作叶片，最后将克鲁尼叶片与起始环一起编织。

※32与34都要涂胶水，插入定位针后开始编织。

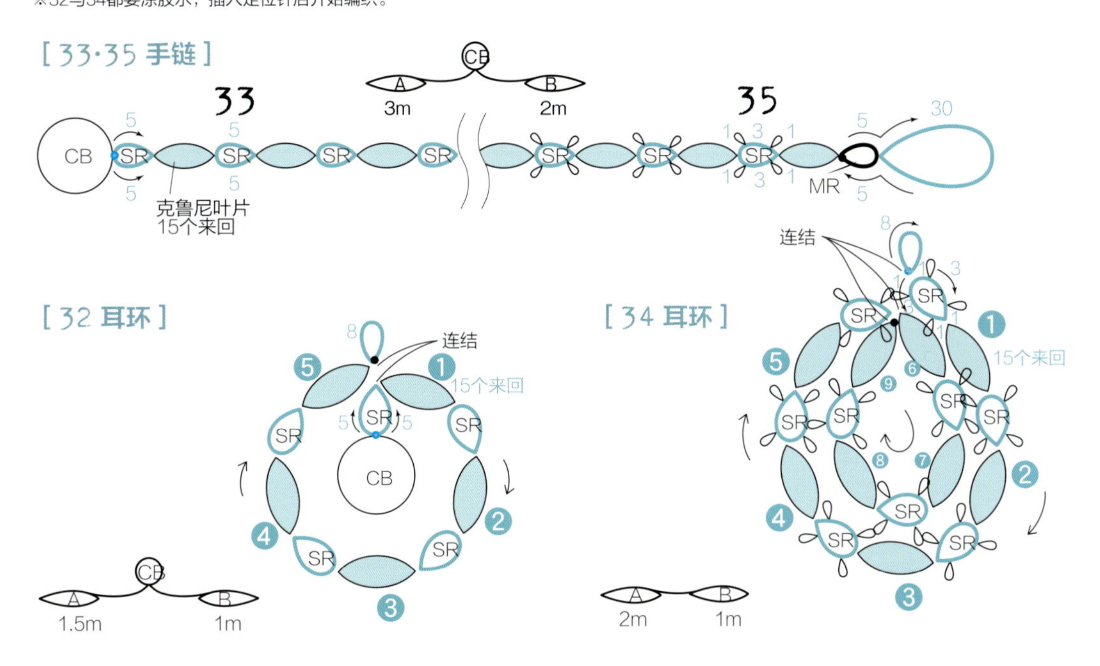

克鲁尼叶片

在3根纵线上如织布般地将线前后来回穿过，来制作叶片形状的装饰。

（Cluny Leaf）

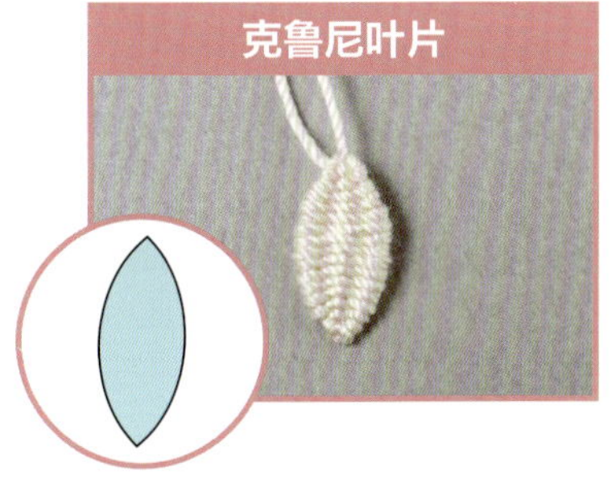

[挂线方法]

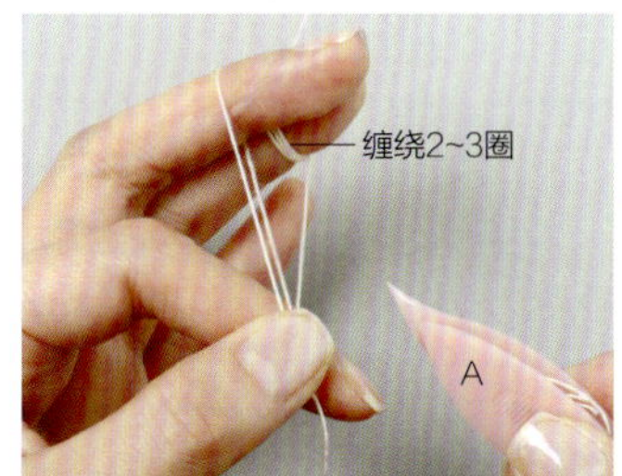

参照右图，将线挂在左手上

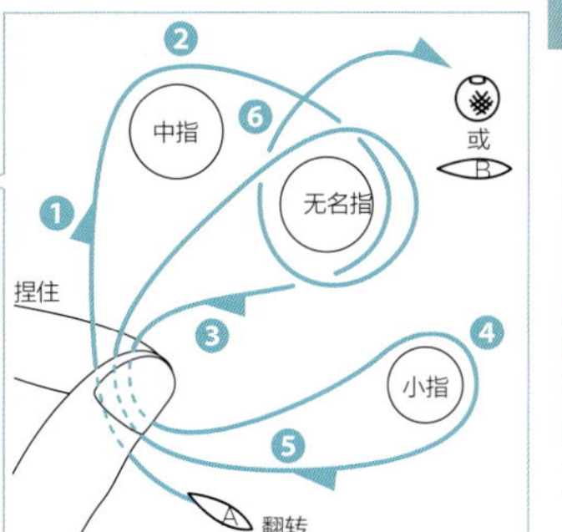

要点

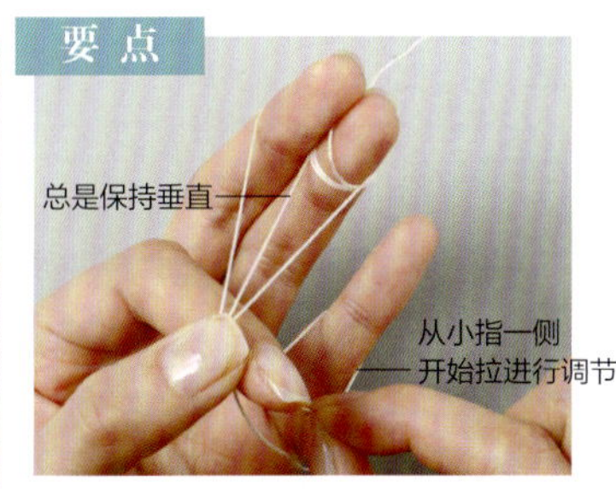

重点是让正中的线总是保持垂直。

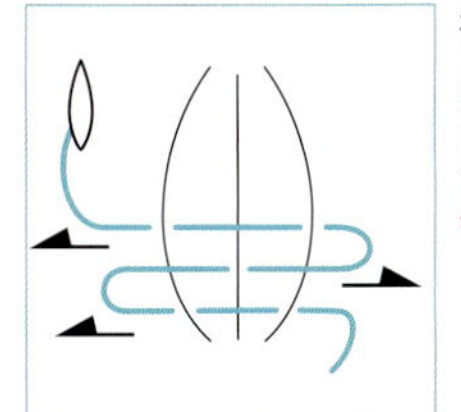

待线挂好后如图所示让梭编器来回穿插。边慢慢地调节左右的线的长度边制作，手指弯曲轻松地拿着。将线在无名指上绕2~3圈，从小指一侧开始抽线，正中的线总是紧绷着。因为线会动，所以要边调节至自己易于操作的宽度边来操作，**手指侧面平坦处比指尖更易操作**。从环或分裂环处开始不断地做下去时，进行翻转，将工作梭拿到右侧后开始。

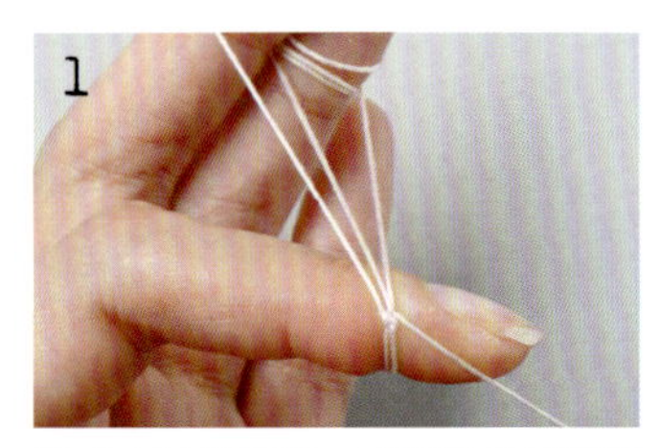

作成小叶尖的话，成品叶片外形漂亮。让梭编器来回穿插一次，将线抽紧。

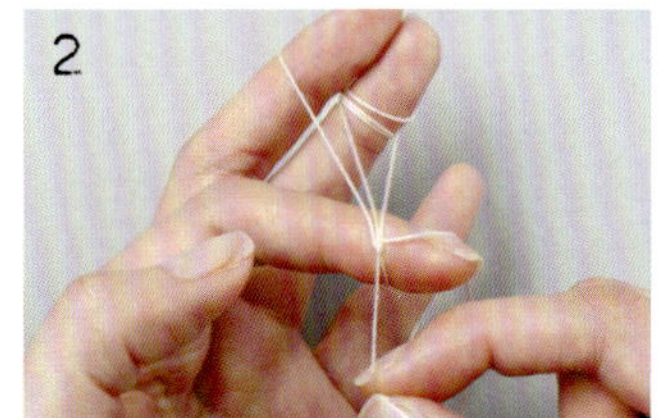

此时，从小指一侧开始抽线，确认正中的线是否能移动。

[从环开始时]

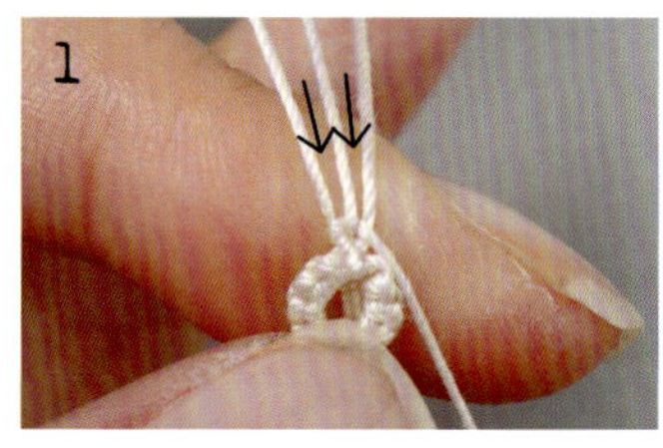

从环开始时，起始的2~3个来回，要不留空隙地用梭编器的角紧紧将线往下拉。

来回穿插梭编器，用角将左右的线边打开边制作圆形叶片。

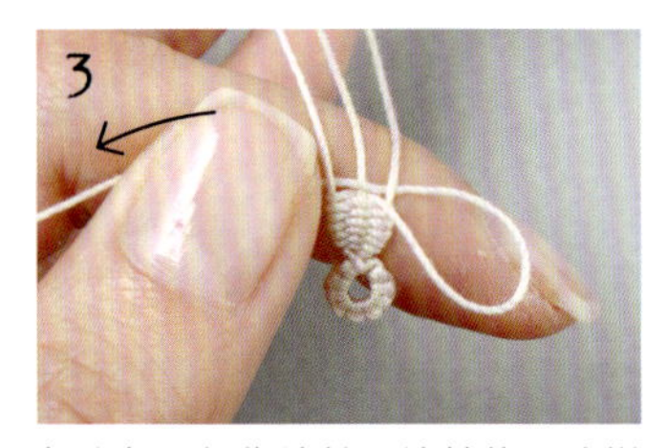

每次都用拇指边按压边拉线，这样做较易调节力度。

慢慢地左右宽度变窄，最后不松弛、紧紧地缩小后用拇指按压。

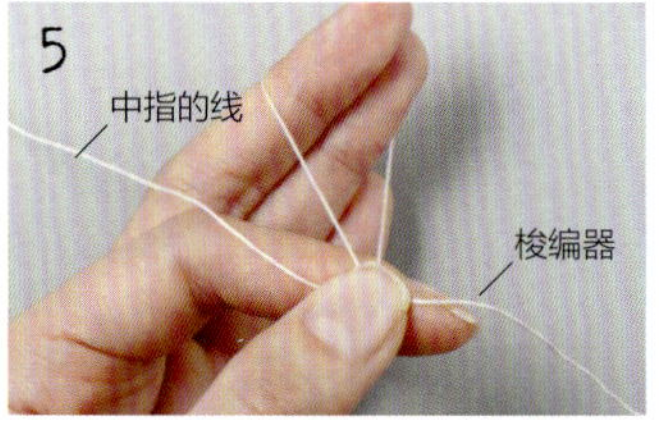

一直按压着停下梭编器，退下中指上的线，移向左侧放好。

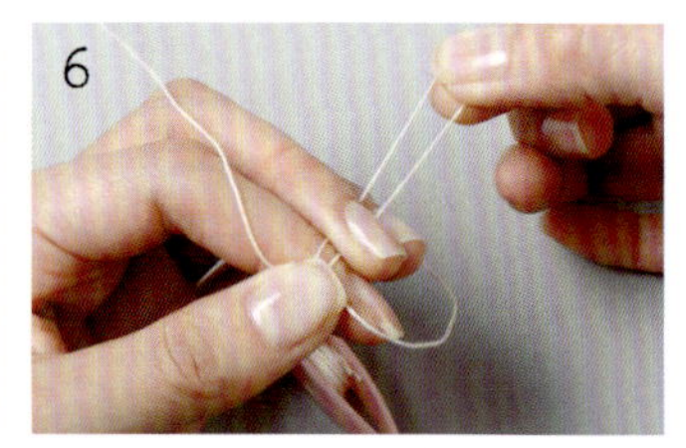

捏住叶尖，如图所示夹住挂在中指和无名指上的线。

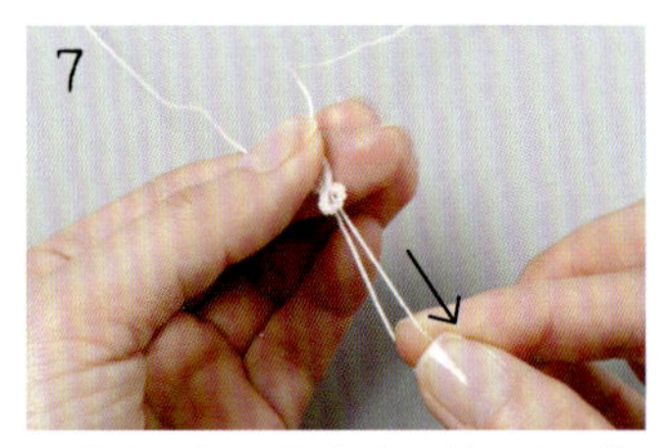

将挂在小指上的线往下拉，直到指尖感觉不出有活动的线为止。

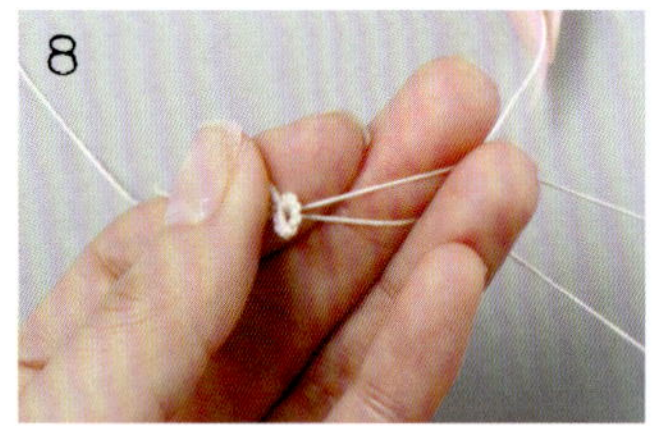

拉出的线会很长，所以要如图所示用手指夹好，避免发生缠绕。

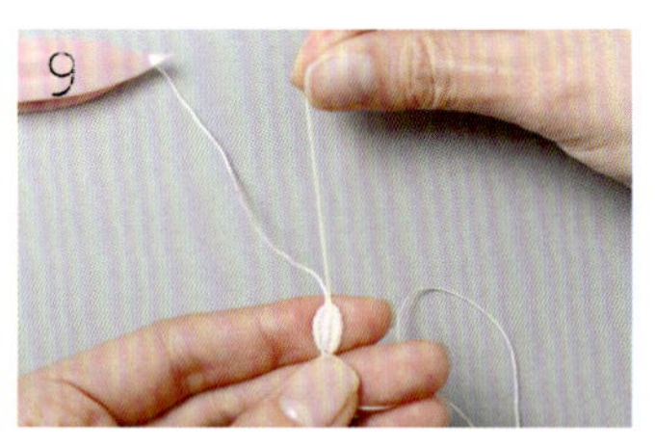

将步骤5移向左侧的线拉直，梭编器移至左侧，确认叶尖是否漂亮地完成了。

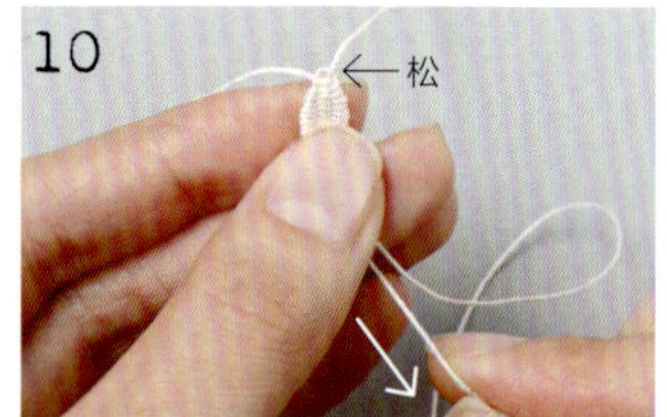

叶尖收紧处不产生松动地往下拉。

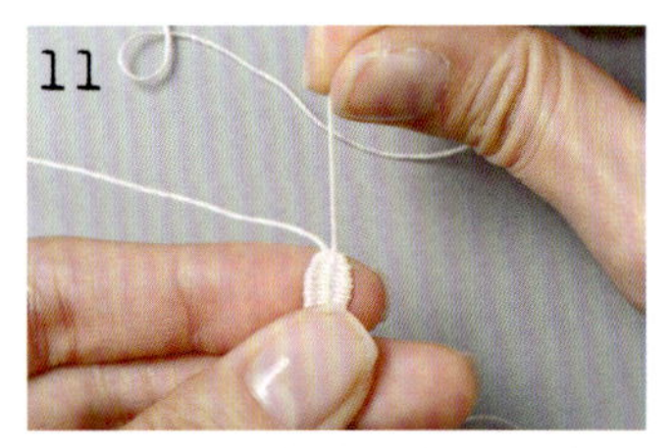

接着将叶片的起点用力捏住，与向下拉出的线一起压住。

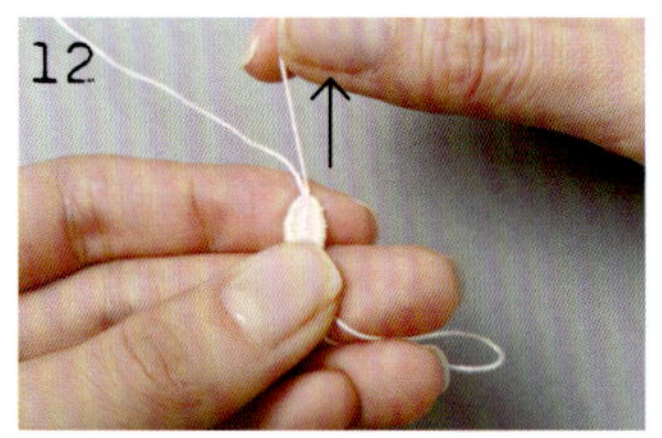

最后拉出中心的线。此时用手指夹住8，因为线容易扭拧，牢牢地按压住抽出。

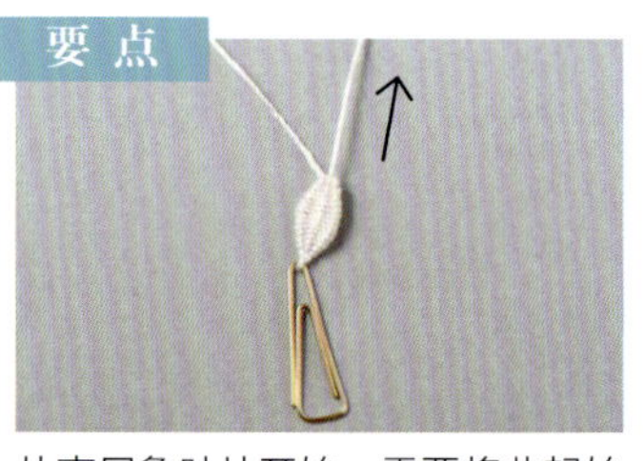

从克尼鲁叶片开始，需要将此起始点与某处相连时，要将挂在小指上的线放入回形针后抽出线。

制作收尾时，工作梭的线在左侧。

NO.57~70 织入线头的方法 图片 p.20,21 / 制作方法 p.61,62

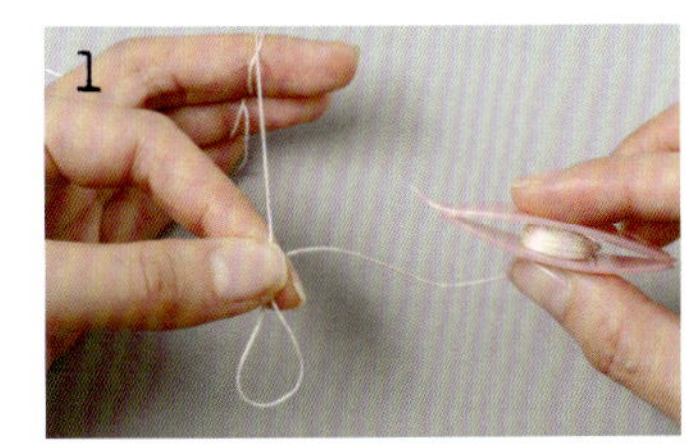

将少许线弯曲捏住。

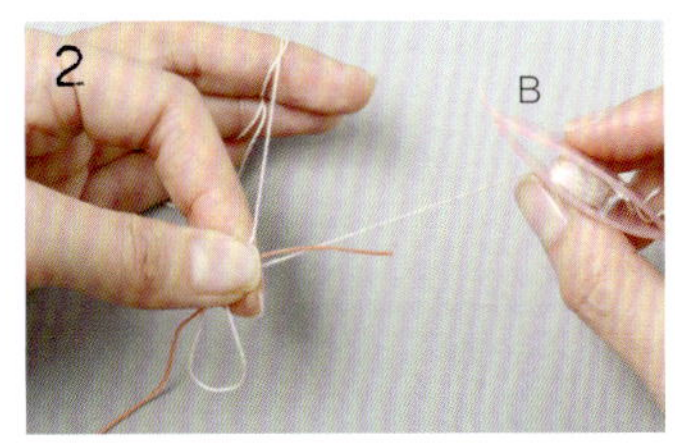

将配色线与步骤1的线在相同处重叠捏住，制作前半针。编织时将配色线垂放在跟前。

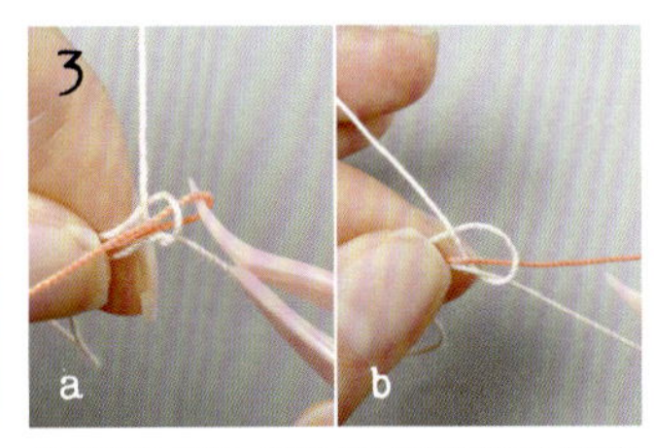

收紧环之前，将配色线的线头拉向另一侧（a）。拉出后的样子（b）。

在前半针处一起织入后的样子。

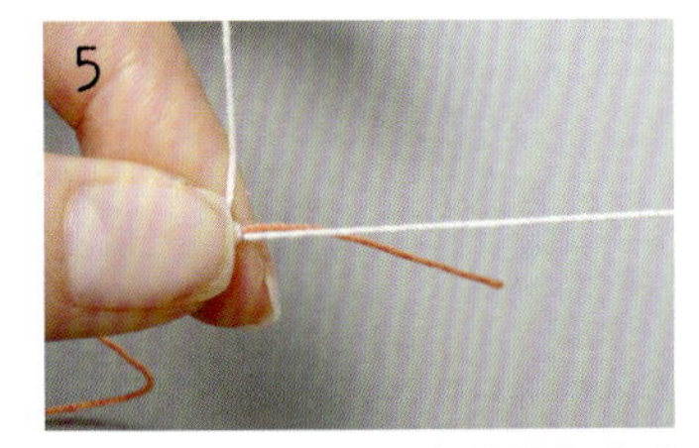

制作后半针时，将配色线的线头垂放在另一侧。

同样在收紧环之前，将配色线的线头拉向靠近自己的一侧。

抽紧线，织入了1针的样子。

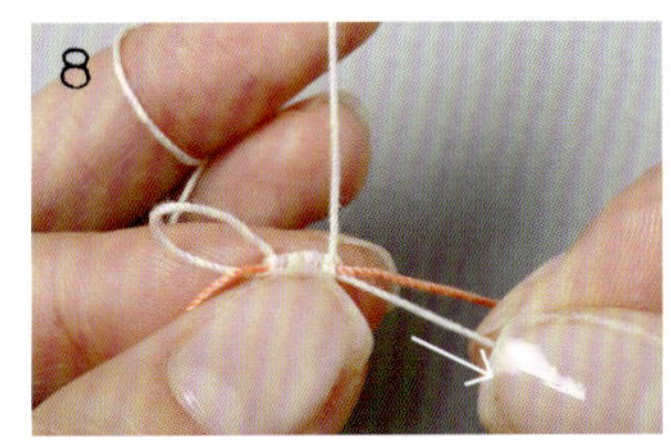

反复操作步骤2～7制作桥，最后拉出梭编器的线，抽紧起始垂放着的线。

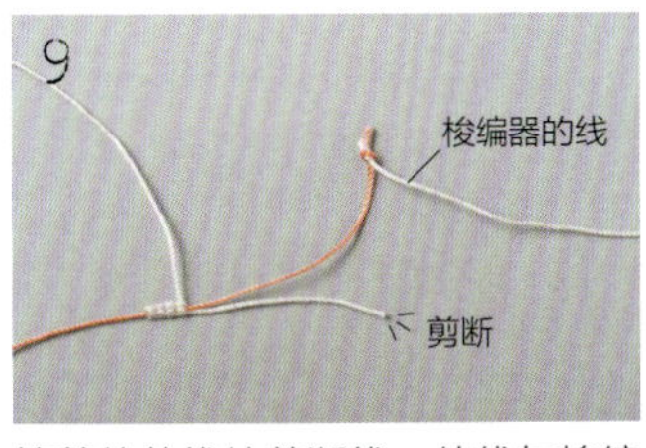

接着从芯线处剪断线，使线与梭编器分离，与织入的线头打结。

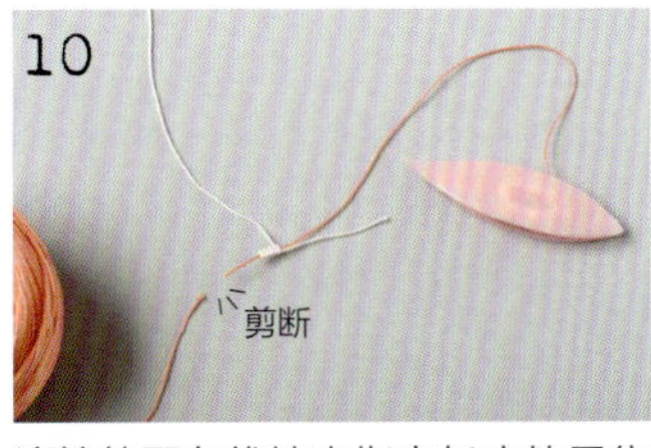

连接的配色线抽出指定长度的量绕在梭编器上，与线团剪断分离。

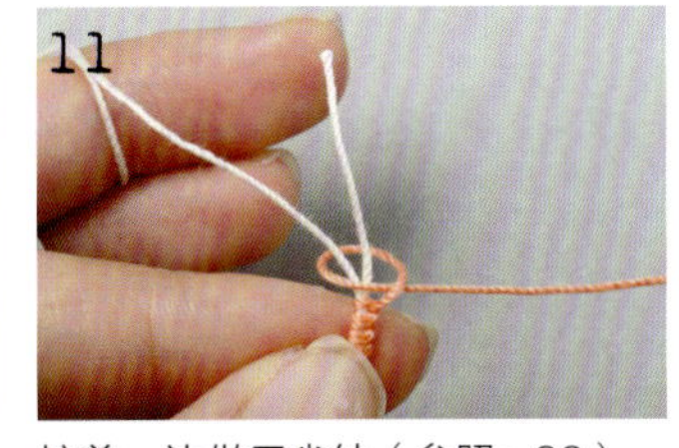

接着一边做云雀结（参照p.32），一边织入剪断的线头。

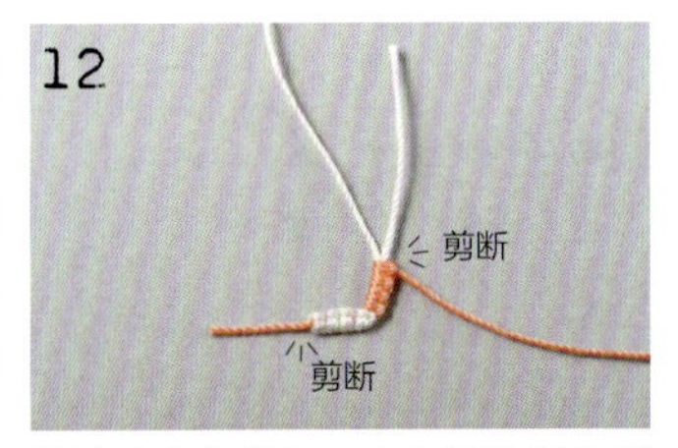

剪掉多余的线头。在弯折处织入锁结。

锁结

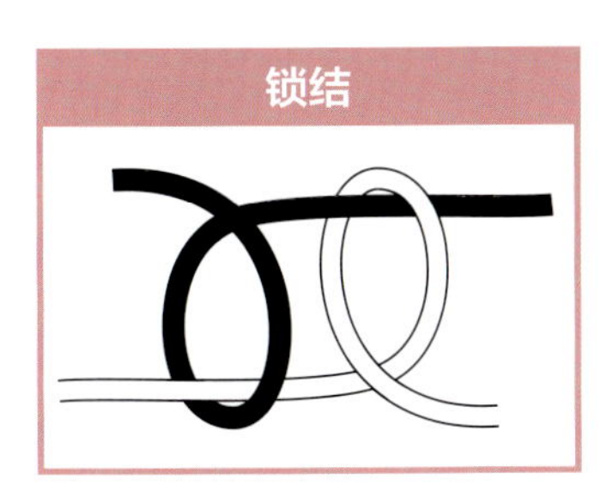

在前半针的后面制作针脚不活动的后半针（相反也可以），就完成了固定针脚，这称为锁结。
线不够用时也制作锁编织的话，
便可以在环及桥上制作无空隙的针脚，
所以织入剪断的线头，要比用针收尾省事得多。

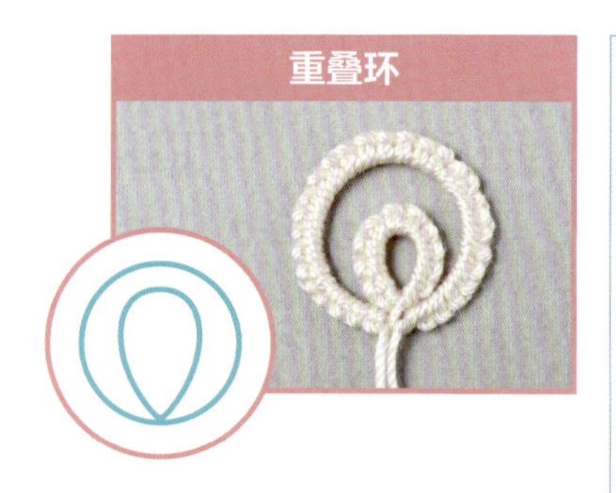

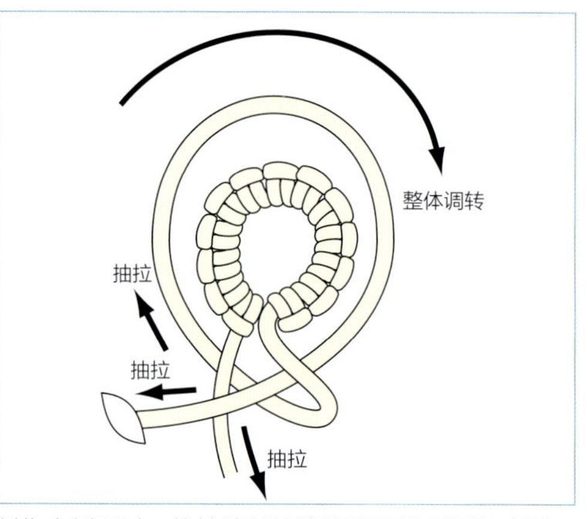

制作内侧环时，将梭编器的线绕到环的后侧作成圈，如图所示穿入梭编器，分别抽3根线靠近内侧环，整体翻转。

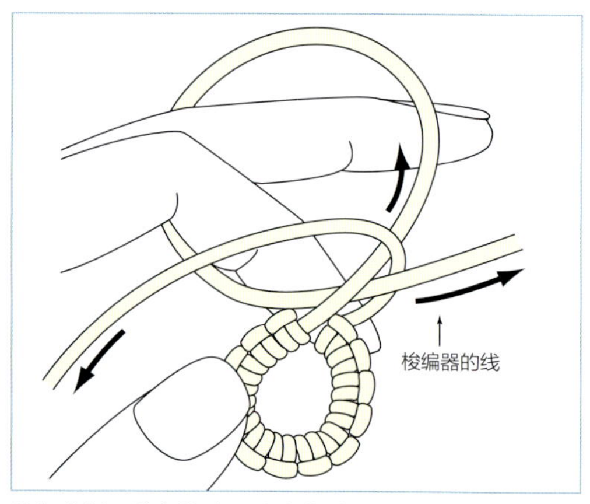

将与内侧环的起始点不分离的3根线重叠后，开始制作外侧的环。因大环需要使用很多线，所以编织几针后将线拉出，在小指上多绕些线。

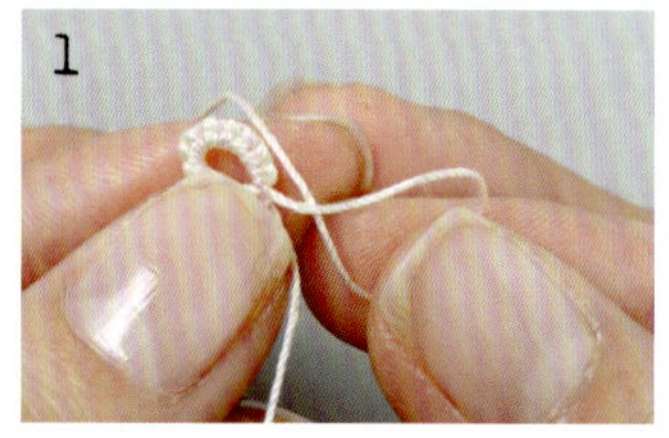

制作好内侧环后，马上在旁边扭转梭编器的线做成圈。

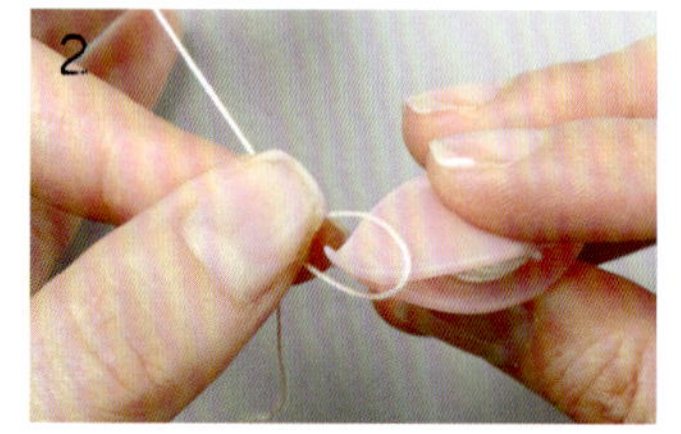

与环一起压住圈，左手边挂线，边如图所示的将梭编器从圈的下面穿出。

分别将线拉出，将环捏在梭编器线的下方。

将捏着内侧的环转向换手拿。

将3个方向的线牢牢地咬紧，此时开始制作外侧环。

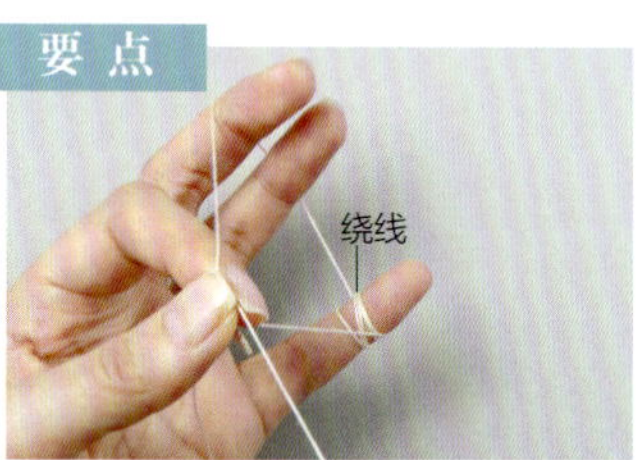

最好是编织几针后，拉出多些芯线绕在小指上。

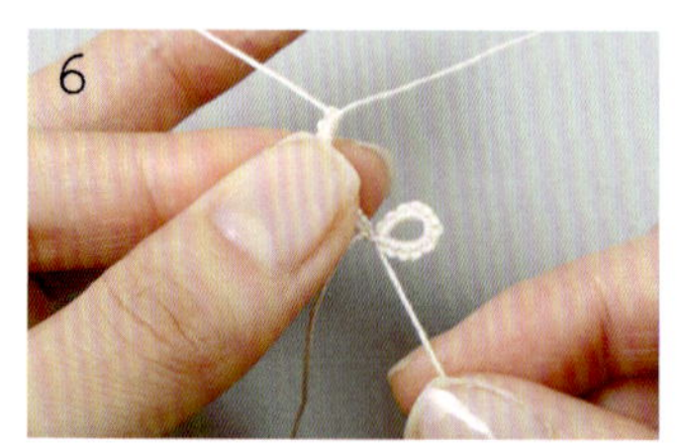

中途拉线时，不挤满针脚的边压住边抽线。

完成时不要因收的过紧而将外侧环收的过小。

连续重叠环

在内侧环上制作比1个桥稍长的耳。

在外侧环的制作过程中，与耳重叠相连。此时芯线在靠近自己的一侧。

用梭编器的角将耳的头部稍稍拉出使其外露。

接着留出1个桥的空隙制作分裂环。粉色线部分用梭编器B来制作。

接着制作外侧的环，过程中跨过分裂环的空隙重叠相连。

制作内侧分裂环后继续制作重叠环。

最后的线头穿过起始耳在反面连接。

粉色线部分是使用梭编器B制作的。

在花片前连接起始与结尾处的接耳

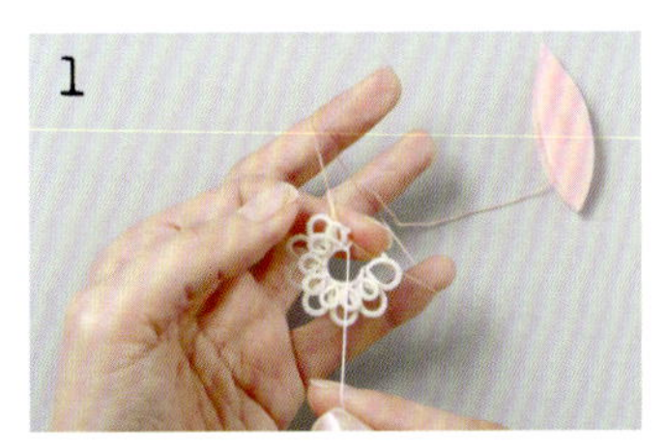

制作到相连之前的位置处，将停下来的梭编器上的线拿到花片前。

将花片从挂在左手上的线的后面穿出。

将相连的环拿到中指线的左侧，进行接耳。

在花片的表面抽紧线继续编织。

模拟环（MR与SCMR）

因有与p.33中所介绍模拟环的不同方法，所以请选用易于操作的方法来制作。
（SCMR：Self Closing Mock Ring）

自闭式模拟环（SCMR）

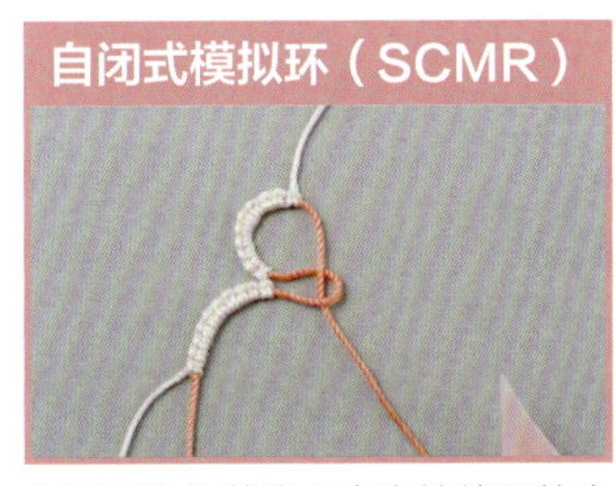
在垂下来的芯线上穿出梭编器的方法，正确说法是“自闭式模拟环”。

模拟环（MR）

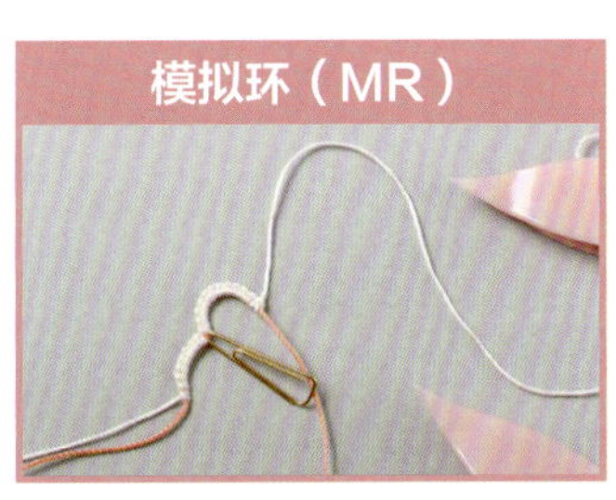
模拟环在制作桥的过程中放入回形针。

从取下回形针的孔内，使用蕾丝针拉出梭编器的线。

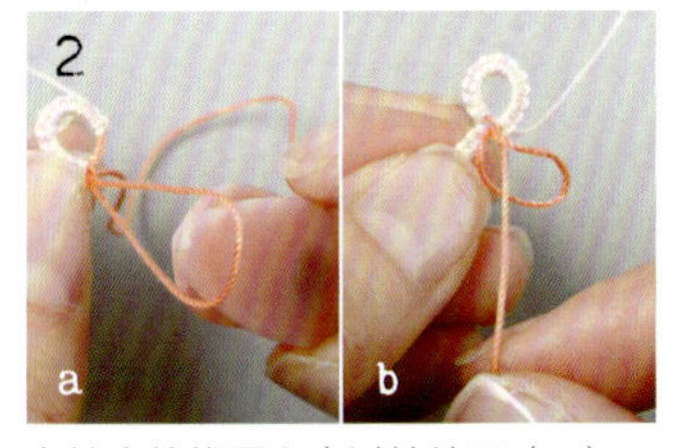

在拉出的线圈上穿过梭编器（a），拉出线与芯线接耳（b）。

2

图片 p.4
线：金票#40 蕾丝线 本白色（802）
针：蕾丝钩针6号、10号

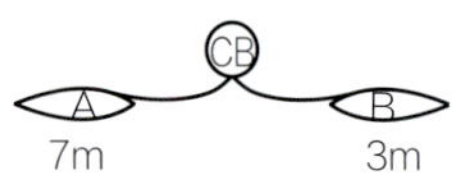

钩针编织球＜通用＞

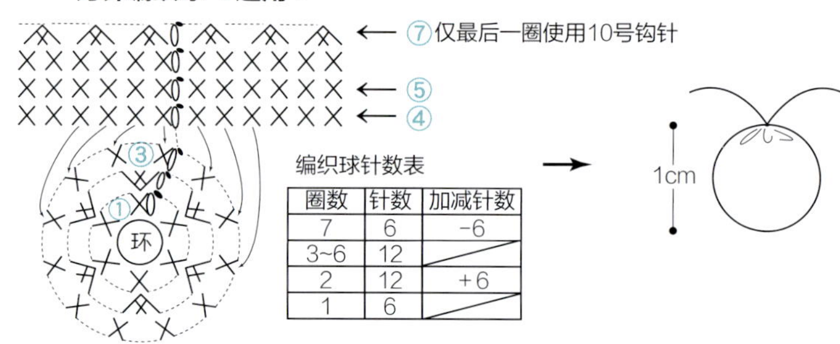

编织球针数表

圈数	针数	加减针数
7	6	−6
3~6	12	
2	12	+6
1	6	

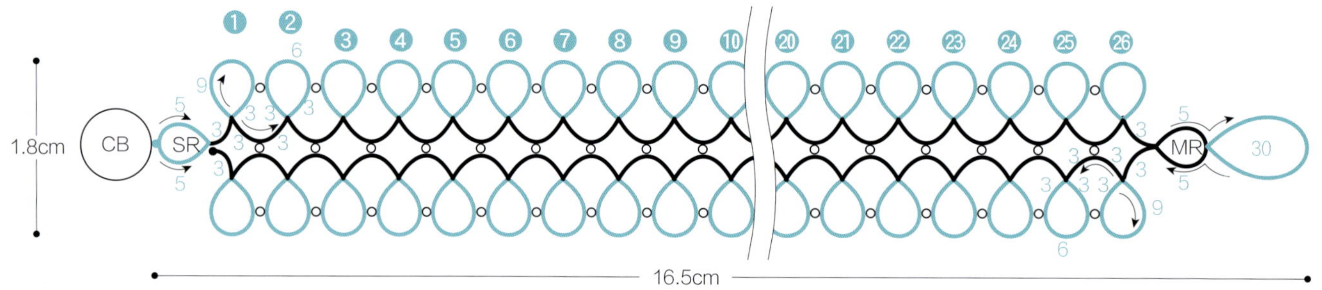

3

图片 p.4
线：金票#40 蕾丝线 本白色（802）
针：蕾丝钩针6号、10号

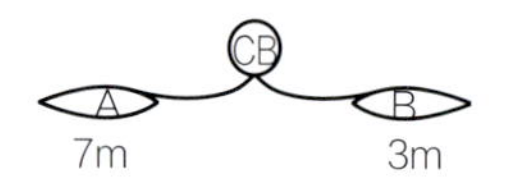

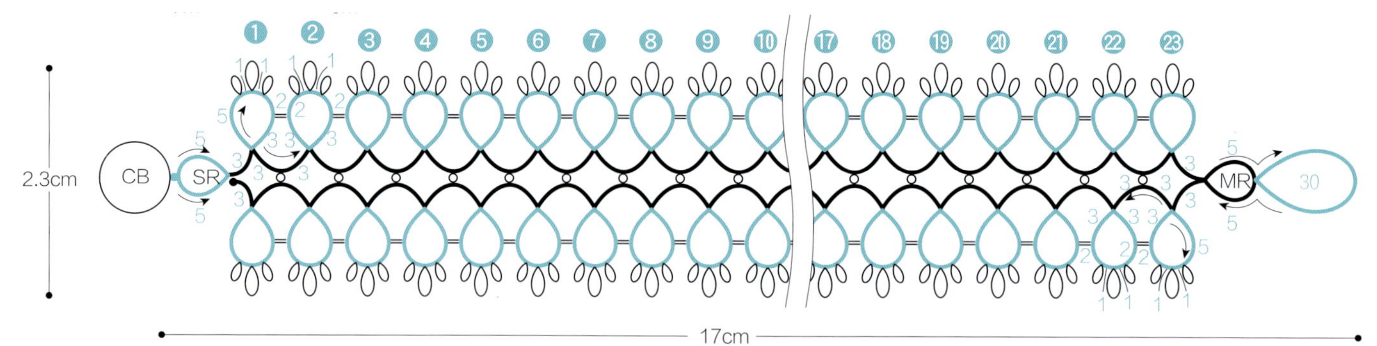

1

图片 p.4
线：金票#40 蕾丝线 本白色（802）
配件：耳环五金配件1套、
圆形开口圈 2个

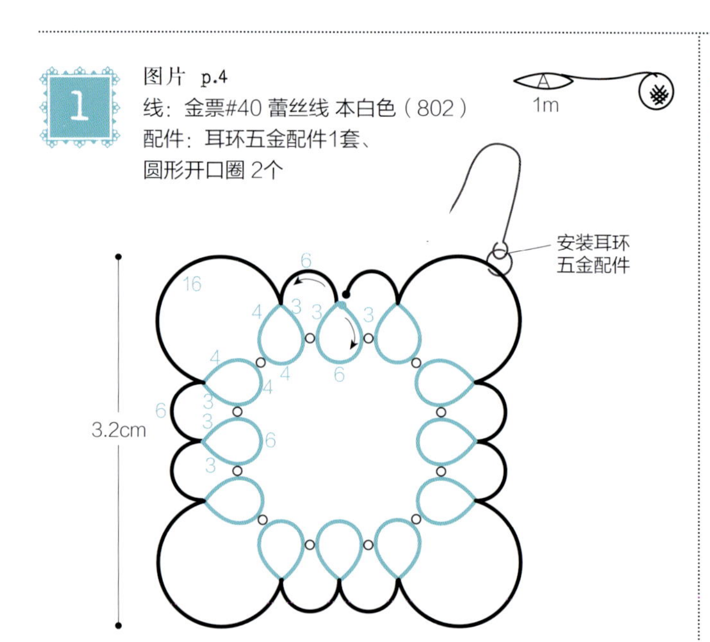

4

图片 p.4
线：金票#40 蕾丝线 本白色（802）
配件：耳环五金配件1套、
圆形开口圈 2个

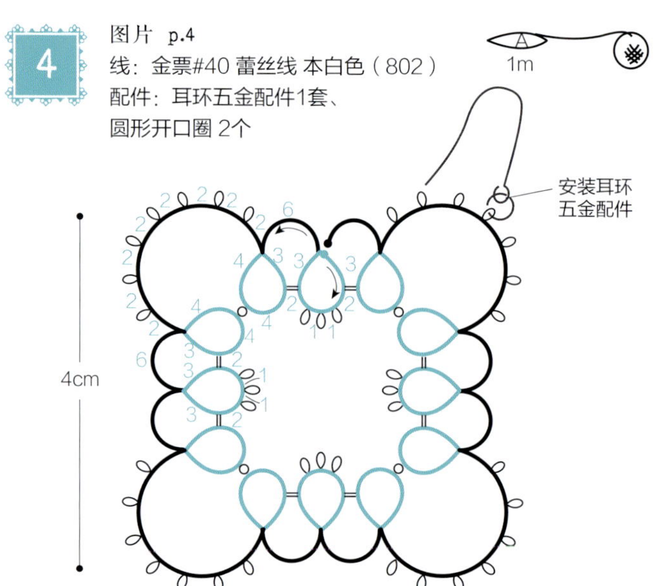

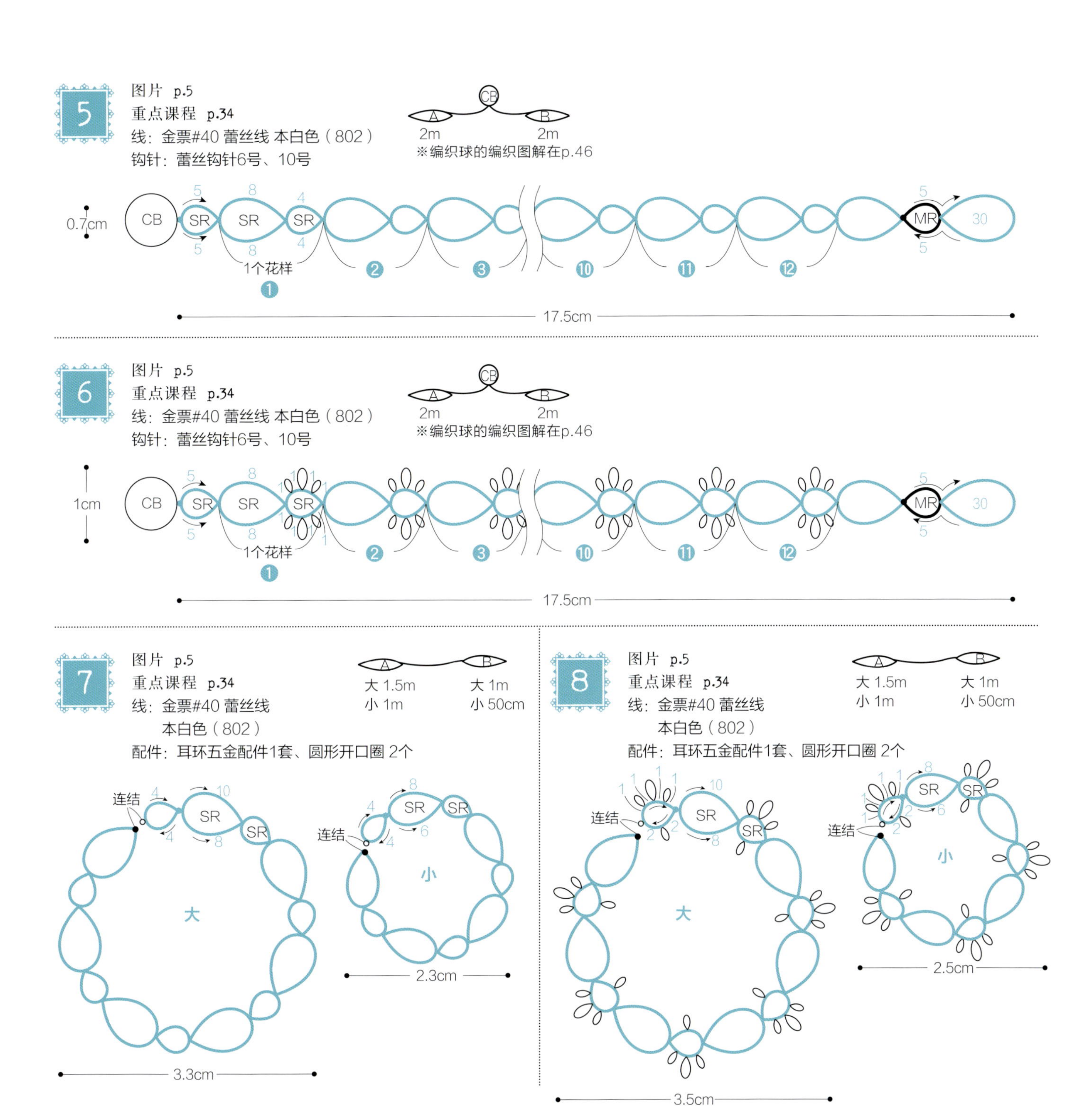
5
图片 p.5
重点课程 p.34
线：金票#40 蕾丝线 本白色（802）
钩针：蕾丝钩针6号、10号
CB
A
B
2m
2m
※编织球的编织图解在p.46
0.7cm
CB
SR
SR
SR
MR
30
1个花样
17.5cm
6
图片 p.5
重点课程 p.34
线：金票#40 蕾丝线 本白色（802）
钩针：蕾丝钩针6号、10号
CB
A
B
2m
2m
※编织球的编织图解在p.46
1cm
CB
SR
SR
SR
MR
30
1个花样
17.5cm
7
图片 p.5
重点课程 p.34
线：金票#40 蕾丝线
本白色（802）
配件：耳环五金配件1套、圆形开口圈 2个
A
B
大 1.5m
小 1m
大 1m
小 50cm
连结
SR
SR
大
连结
SR
SR
小
3.3cm
2.3cm
8
图片 p.5
重点课程 p.34
线：金票#40 蕾丝线
本白色（802）
配件：耳环五金配件1套、圆形开口圈 2个
A
B
大 1.5m
小 1m
大 1m
小 50cm
连结
SR
SR
大
连结
SR
SR
小
3.5cm
2.5cm

7・8通用
组合方法

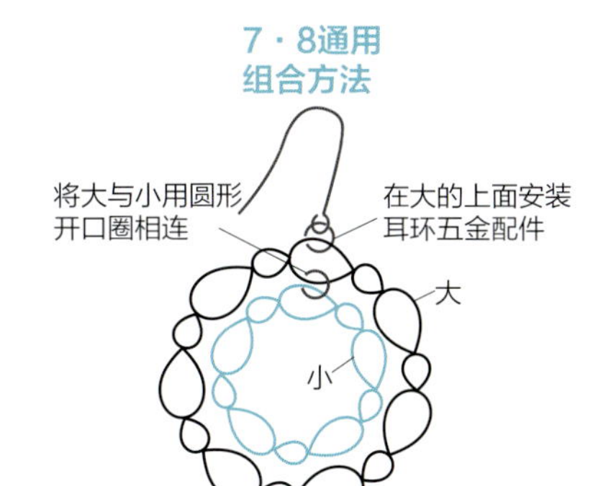
将大与小用圆形
开口圈相连
在大的上面安装
耳环五金配件
大
小

图片 p.6
重点课程 p.35
线：金票#40 蕾丝线 本白色（802）
钩针：蕾丝钩针6号、10号

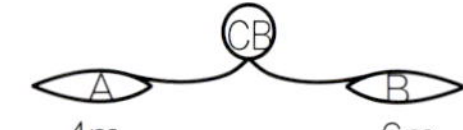

※编织球的编织图解在p.46

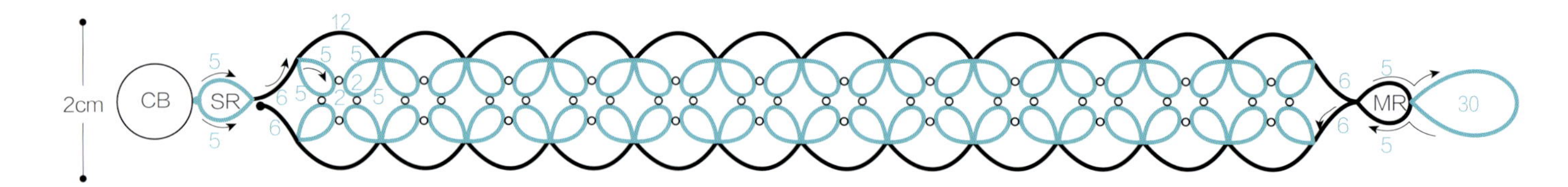

图片 p.6
重点课程 p.35
线：金票#40 蕾丝线 本白色（802）
钩针：蕾丝钩针6号、10号

※编织球的编织图解在p.46

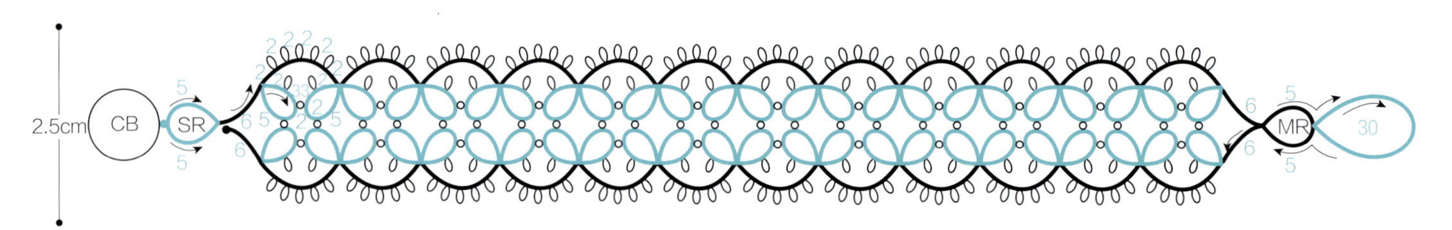

图片 p.6
重点课程 p.35
线：金票#40 蕾丝线 本白色（802）
配件：耳环五金配件1套、圆形开口圈 2个

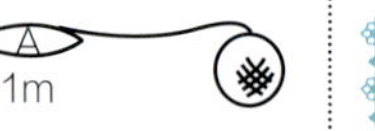

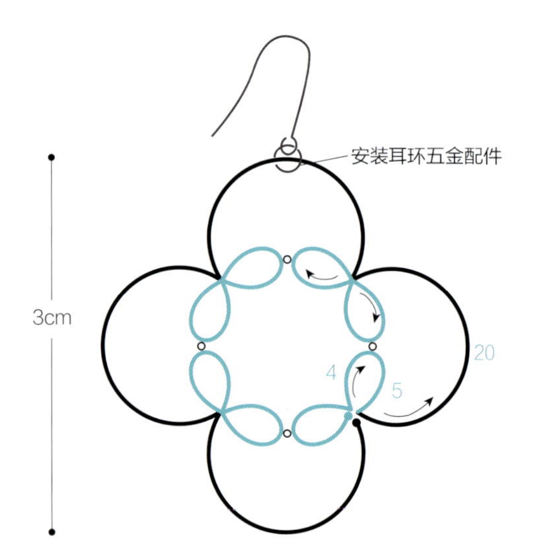

12

图片 p.6
重点课程 p.35
线：金票#40 蕾丝线 本白色（802）
配件：耳环五金配件1套、圆形开口圈 2个

A
1m

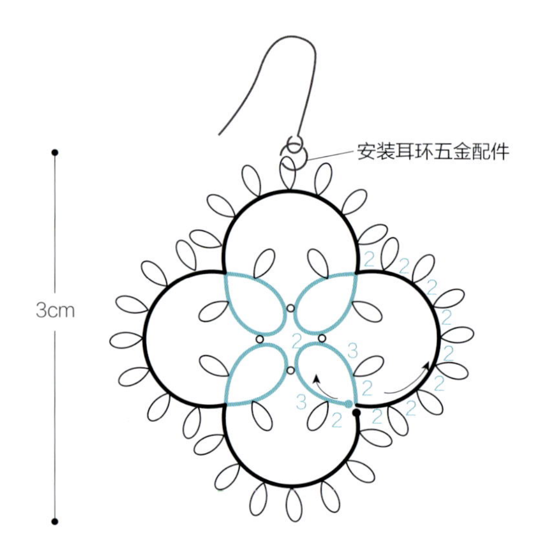

15

图片 p.7
重点课程 p.35
线：金票#40 蕾丝线 本白色（802）钩针：蕾丝钩针6号、10号

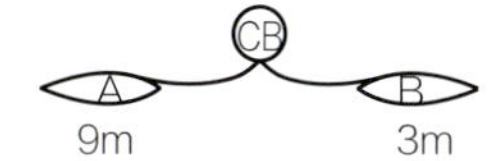

※编织球的编织图解在p.46

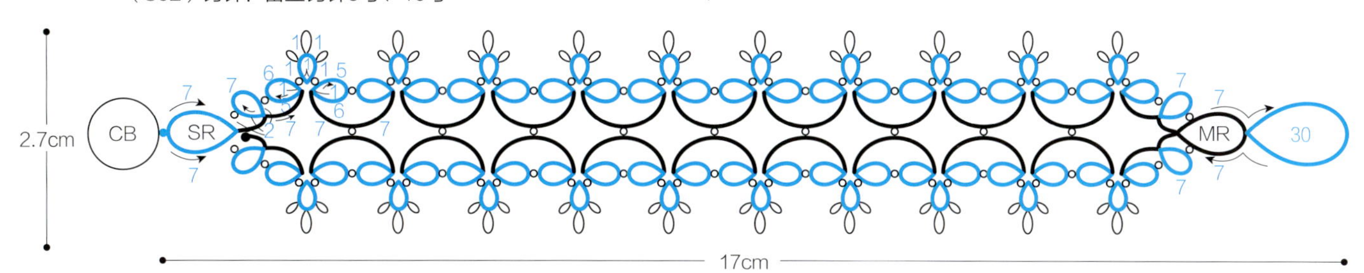

16

图片 p.7
重点课程 p.35
线：金票#40 蕾丝线 本白色（802）
钩针：蕾丝钩针6号、10号

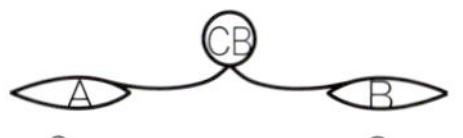

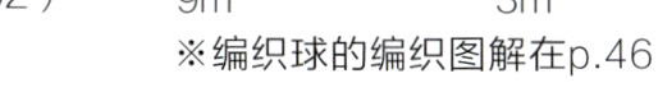

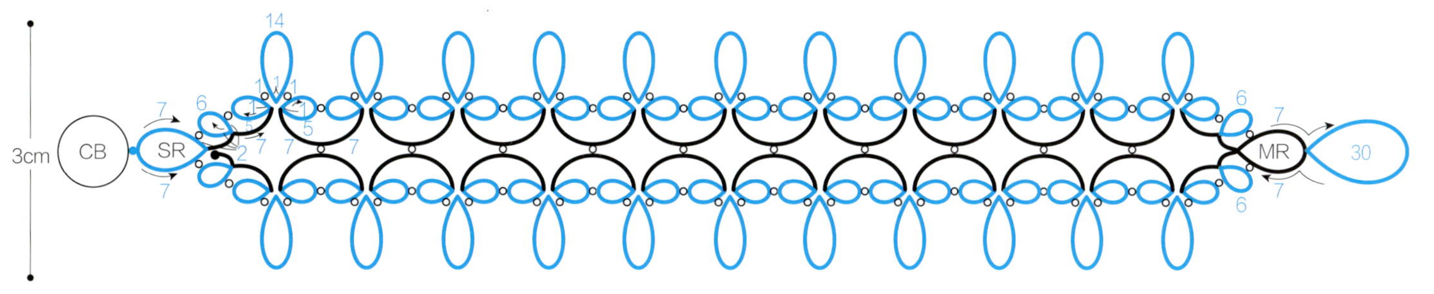

13

图片 p.7
重点课程 p.35,36
线：金票#40 蕾丝线 本白色（802）
配件：耳环五金配件1套、圆形开口圈 2个

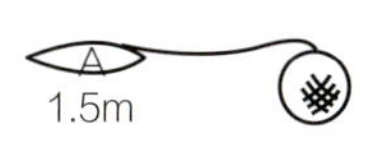

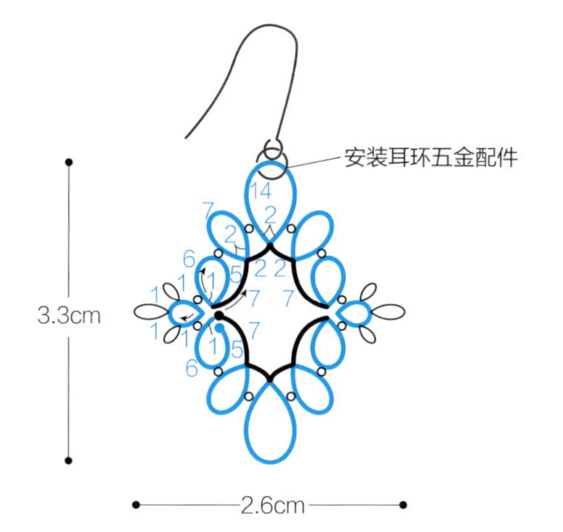

14

图片 p.7
重点课程 p.35,36
线：金票#40 蕾丝线 本白色（802）
配件：耳环五金配件1套、圆形开口圈 2个

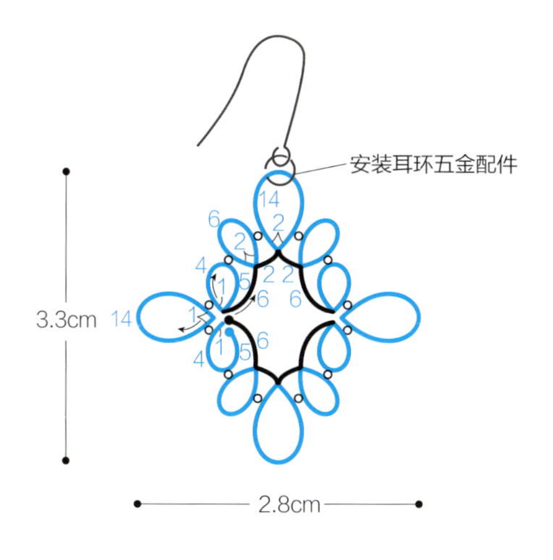

19

图片 p.8

重点课程 p.39,40

线：金票#40 蕾丝线 本白色（802）

钩针：蕾丝钩针6号、10号

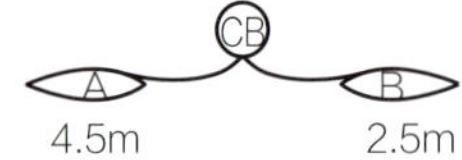

※编织球的编织图解在p.46

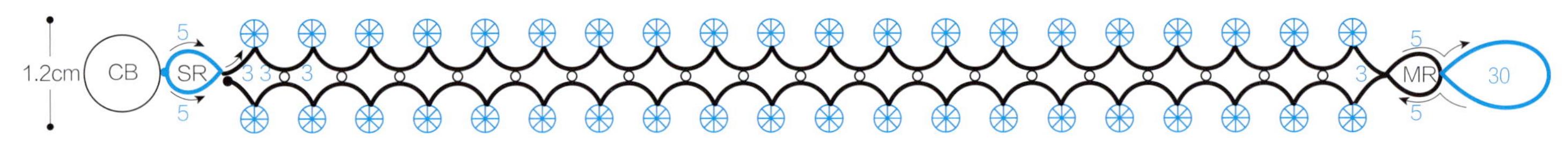

（JK）
= 约瑟芬结（10针）

20

图片 p.8

重点课程 p.39,40

线：金票#40 蕾丝线 本白色（802）

钩针：蕾丝钩针6号、10号

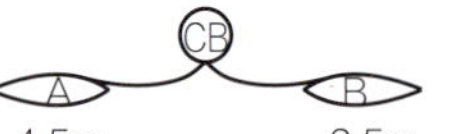

※编织球的编织图解在p.46

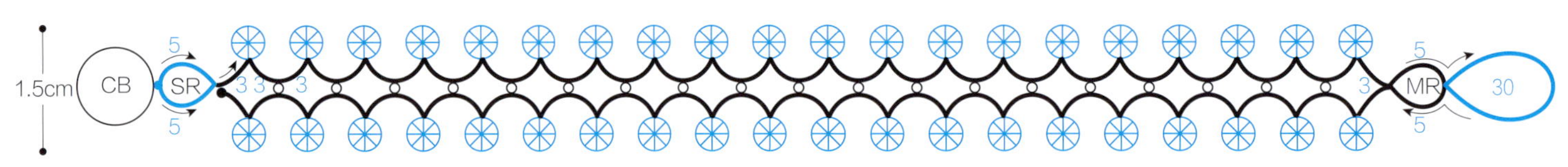

（JK）
= 约瑟芬结（10针），大号

17

图片 p.8

重点课程 p.39,40

线：金票#40 蕾丝线 本白色（802）

配件：耳环五金配件1套、圆形开口圈 2个

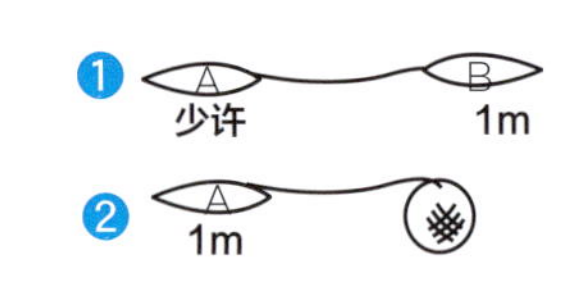

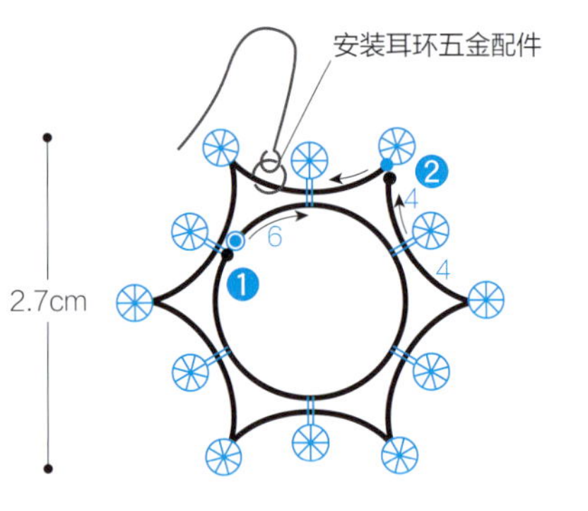

（JK）
= 约瑟芬结（10针）

18

图片 p.8

重点课程 p.39,40

线：金票#40 蕾丝线 本白色（802）

配件：耳环五金配件1套、圆形开口圈 2个

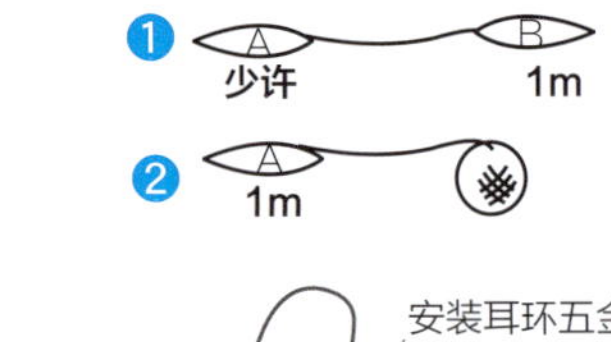

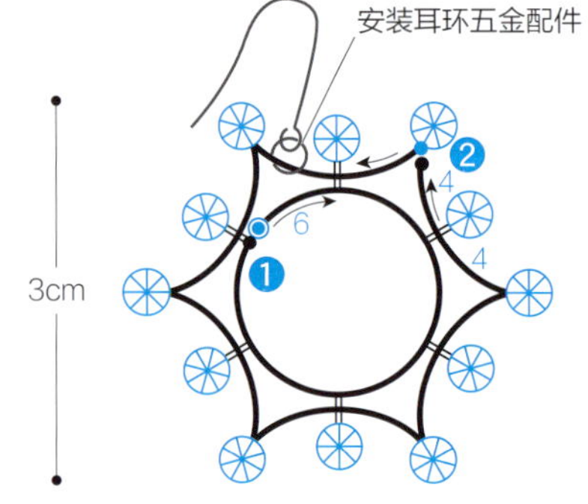

（JK）
= 约瑟芬结（10针），大号

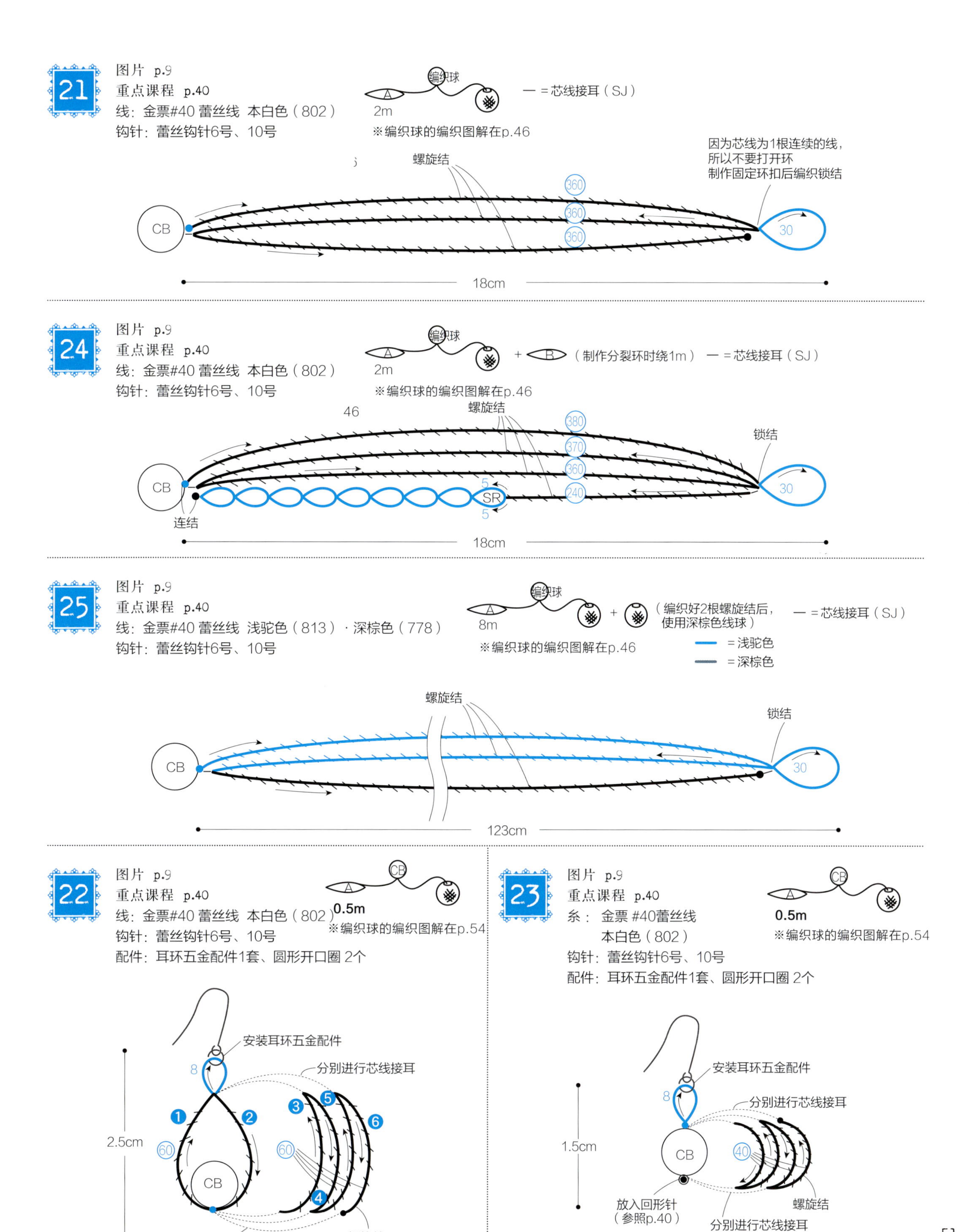
21
图片 p.9
重点课程 p.40
线：金票#40 蕾丝线 本白色（802）
钩针：蕾丝钩针6号、10号
编织球
A
2m
※编织球的编织图解在p.46
— =芯线接耳（SJ）
螺旋结
因为芯线为1根连续的线，
所以不要打开环
制作固定环扣后编织锁结
CB
360
360
360
30
18cm
24
图片 p.9
重点课程 p.40
线：金票#40 蕾丝线 本白色（802）
钩针：蕾丝钩针6号、10号
编织球
A
2m
+ B（制作分裂环时绕1m）
— =芯线接耳（SJ）
※编织球的编织图解在p.46
46
螺旋结
380
370
360
240
锁结
CB
5
SR
5
30
连结
18cm
25
图片 p.9
重点课程 p.40
线：金票#40 蕾丝线 浅驼色（813）・深棕色（778）
钩针：蕾丝钩针6号、10号
编织球
A
8m
+ （编织好2根螺旋结后，
使用深棕色线球）
— =芯线接耳（SJ）
※编织球的编织图解在p.46
=浅驼色
=深棕色
螺旋结
锁结
CB
30
123cm
22
图片 p.9
重点课程 p.40
线：金票#40 蕾丝线 本白色（802）
钩针：蕾丝钩针6号、10号
配件：耳环五金配件1套、圆形开口圈 2个
CB
A
0.5m
※编织球的编织图解在p.54
安装耳环五金配件
8
分别进行芯线接耳
1
2
3
4
5
6
2.5cm
60
60
CB
分别进行芯线接耳
螺旋结
23
图片 p.9
重点课程 p.40
糸：金票 #40蕾丝线
本白色（802）
钩针：蕾丝钩针6号、10号
配件：耳环五金配件1套、圆形开口圈 2个
CB
A
0.5m
※编织球的编织图解在p.54
安装耳环五金配件
8
分别进行芯线接耳
1.5cm
CB
40
放入回形针
（参照p.40）
螺旋结
分别进行芯线接耳

图片 p.10
重点课程 p.37
线：金票#40 蕾丝线 本白色（802）
钩针：蕾丝钩针6号、10号

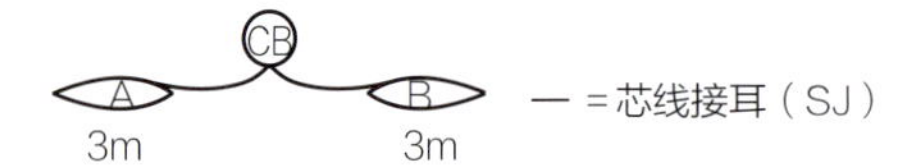

— = 芯线接耳（SJ）

※编织球的编织图解在p.46

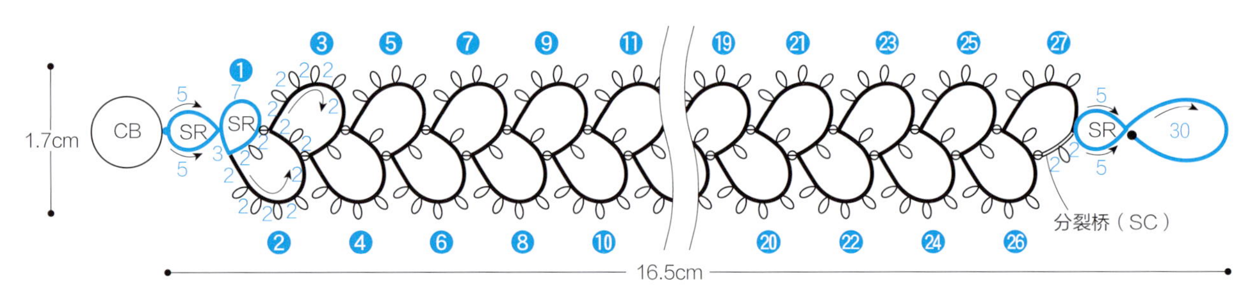

27

图片 p.10
重点课程 p.37
线：金票#40 蕾丝线 本白色（802）
钩针：蕾丝钩针6号、10号

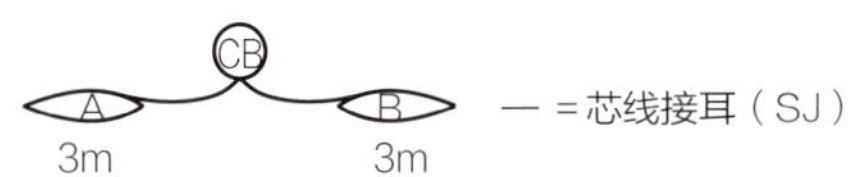

— = 芯线接耳（SJ）

※编织球的编织图解在p.46

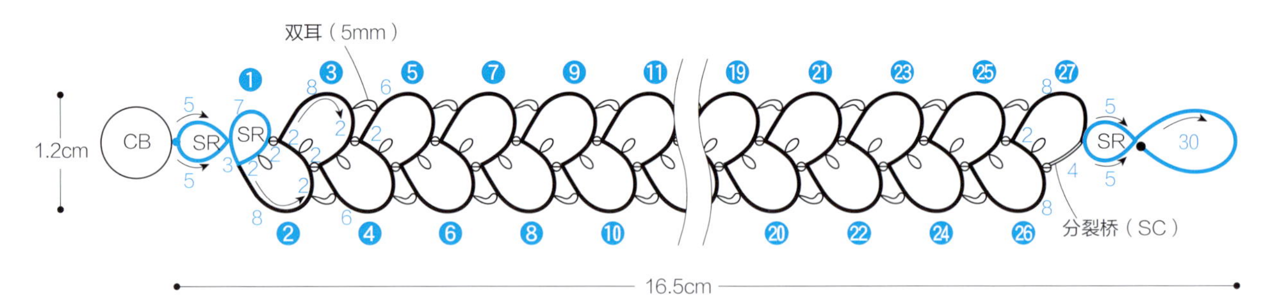

图片 p.10
重点课程 p.37
线：金票#40 蕾丝线 本白色（802）
钩针：蕾丝钩针6号、10号

A　CB　B
3m　3m

— = 芯线接耳（SJ）

※编织球的编织图解在p.46

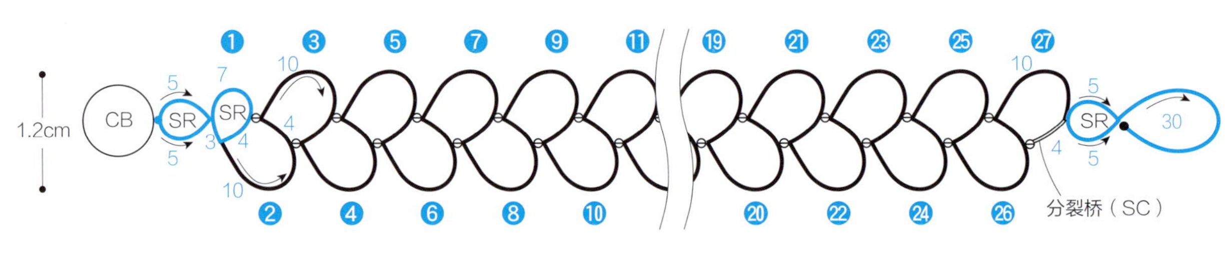

图片 p.11
重点课程 p.37
线：金票#40 蕾丝线 本白色（802）
配件：耳环五金配件1套、圆形开口圈 2个

A 2m B 2m
— =芯线接耳（SJ）

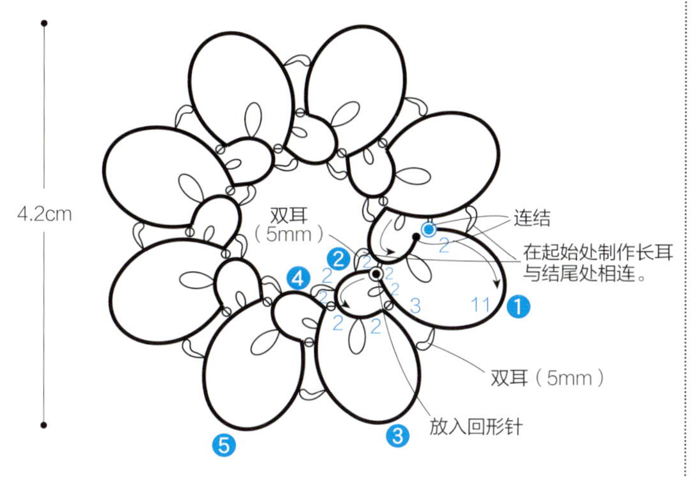

图片 p.11
重点课程 p.37
线：金票#40 蕾丝线 本白色（802）
配件：耳环五金配件1套、圆形开口圈 2个

A 2m B 2m
— =芯线接耳（SJ）

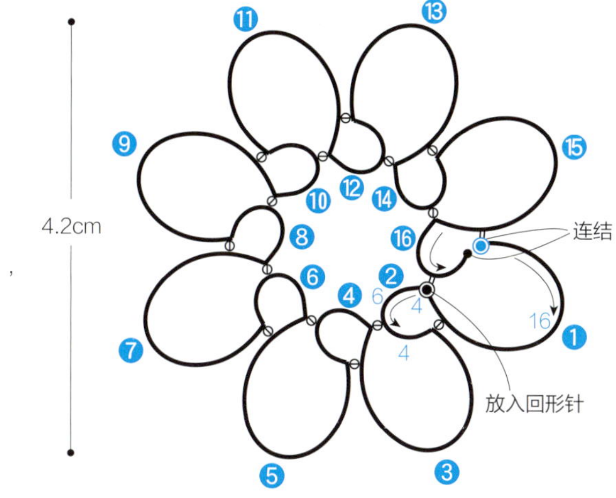

※在制作桥⑮的过程中，取下❶的回形针进行接耳
※在制作桥⑯的过程中，取下❷的回形针进行接耳

图片 p.11
重点课程 p.37
线：金票#40 蕾丝线 本白色（802）
配件：耳环五金配件1套、圆形开口圈 2个

— =芯线接耳（SJ）

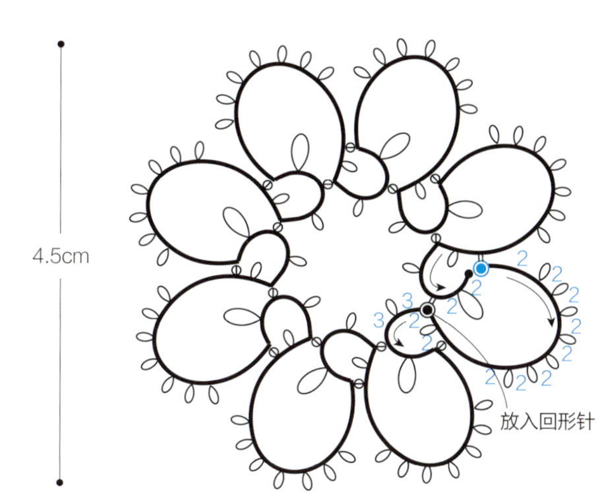

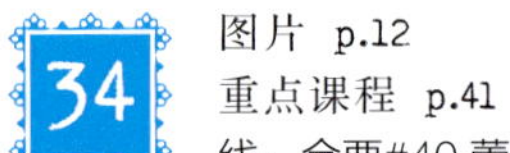

图片 p.12
重点课程 p.41
线：金票#40 蕾丝线 本白色（802）

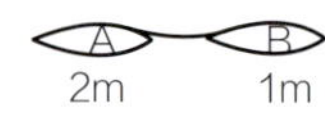

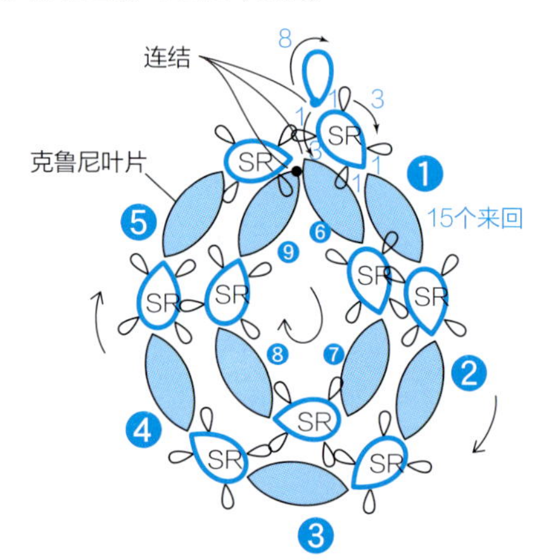

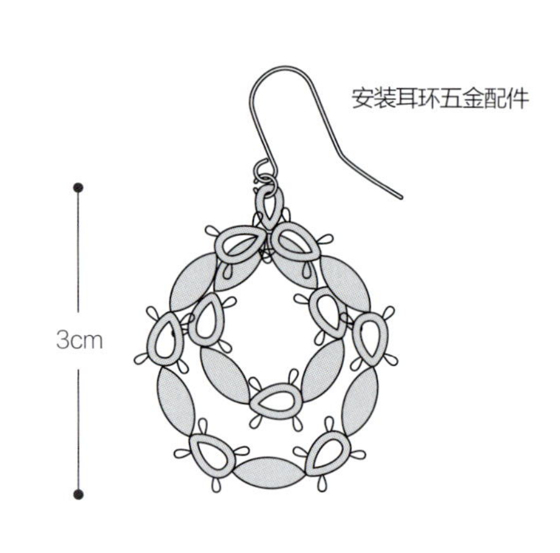

图片 p.12,13
重点课程 p.41
线：金票#40 蕾丝线 a：本白色（802）b：茶色（736）
钩针：蕾丝钩针6号、10号

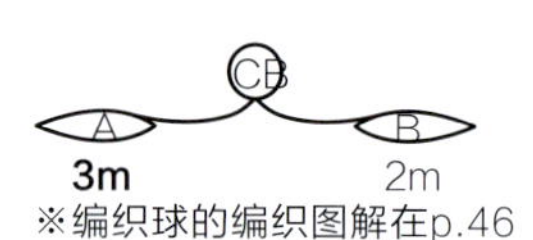

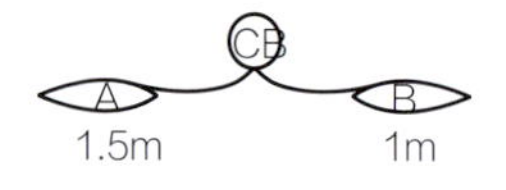

32

图片 p.12
重点课程 p.41
线：金票#40 蕾丝线 本白色（802）
钩针：蕾丝钩针6号、10号

CB
A
B
1.5m
1m

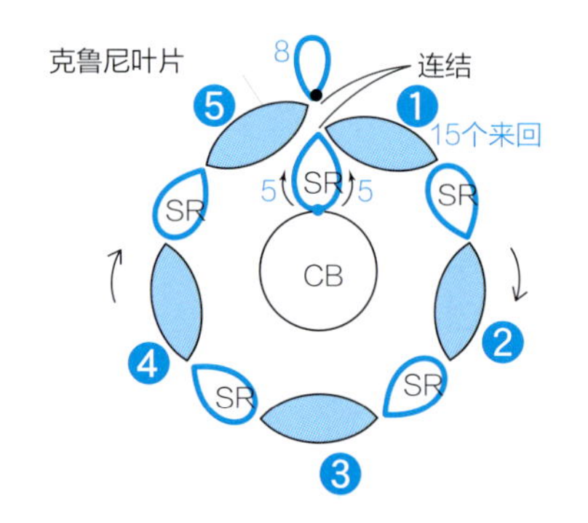

钩针编织球

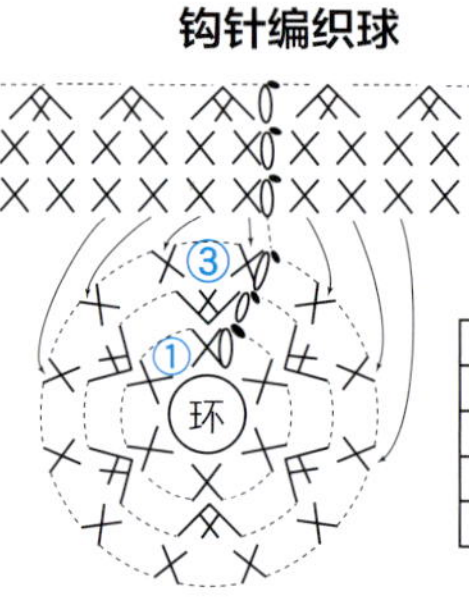

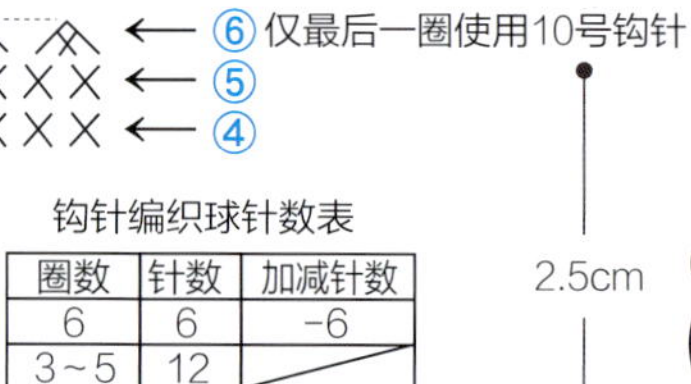
钩针编织球针数表

圈数	针数	加减针数
6	6	-6
3~5	12	
2	12	+6
1	6	

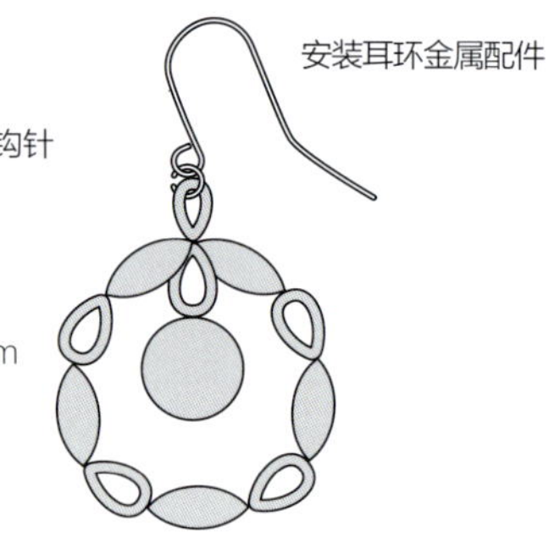

33

图片 p.12
重点课程 p.41
线：金票#40 蕾丝线 本白色（802）
钩针：蕾丝钩针6号、10号

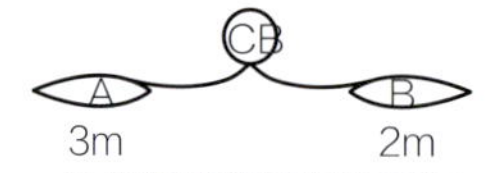

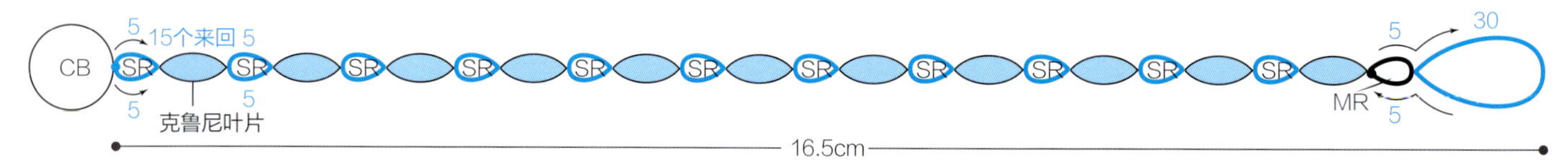

图片 p.13
重点课程 p.41
线：金票#40 蕾丝线 茶色（736）

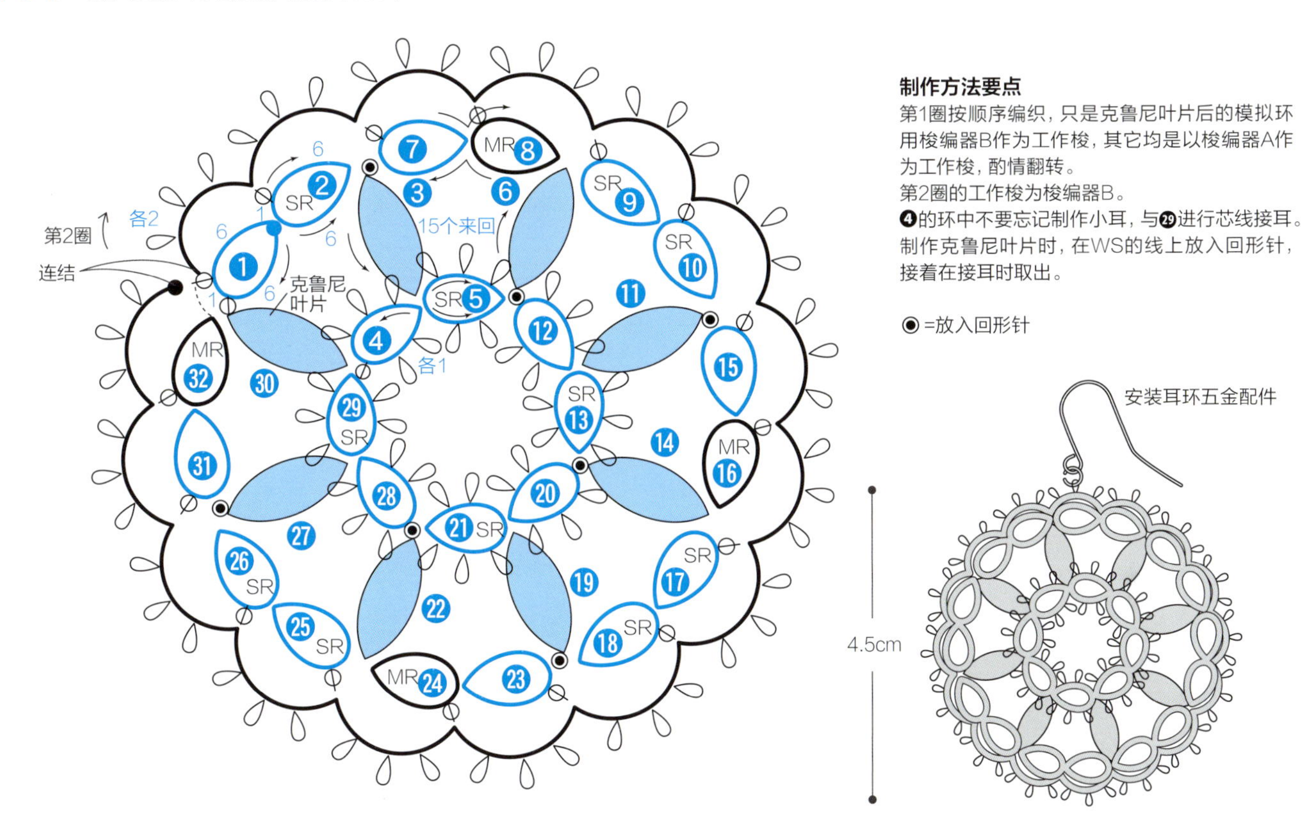

制作方法要点

第1圈按顺序编织，只是克鲁尼叶片后的模拟环用梭编器B作为工作梭，其它均是以梭编器A作为工作梭，酌情翻转。
第2圈的工作梭为梭编器B。
❹的环中不要忘记制作小耳，与㉙进行芯线接耳。
制作克鲁尼叶片时，在WS的线上放入回形针，接着在接耳时取出。

◉=放入回形针

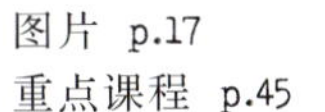

图片 p.17
重点课程 p.45
线：金票#40 蕾丝线 本白色（802）·黄色（521）
钩针：蕾丝钩针6号、10号

A 4m CB → B 0.5m（编织螺旋后绕线）

※编织球的编织图解在p.46

制作方法要点

将梭编器A上的线编织在编织球上，
用线团的线制作螺旋结后，
将线团的线绕在梭编器B上继续制作花片。
制作方法与作品50相同。
花片的❶是以分裂环用梭编器A编织，
中心的环是勉强穿入编织球来拉线调整大小。

CB 300 SR 2～32的偶数均为2针元宝针

※起始与结尾处的接耳方法参照p.45

14.5cm 3.5cm

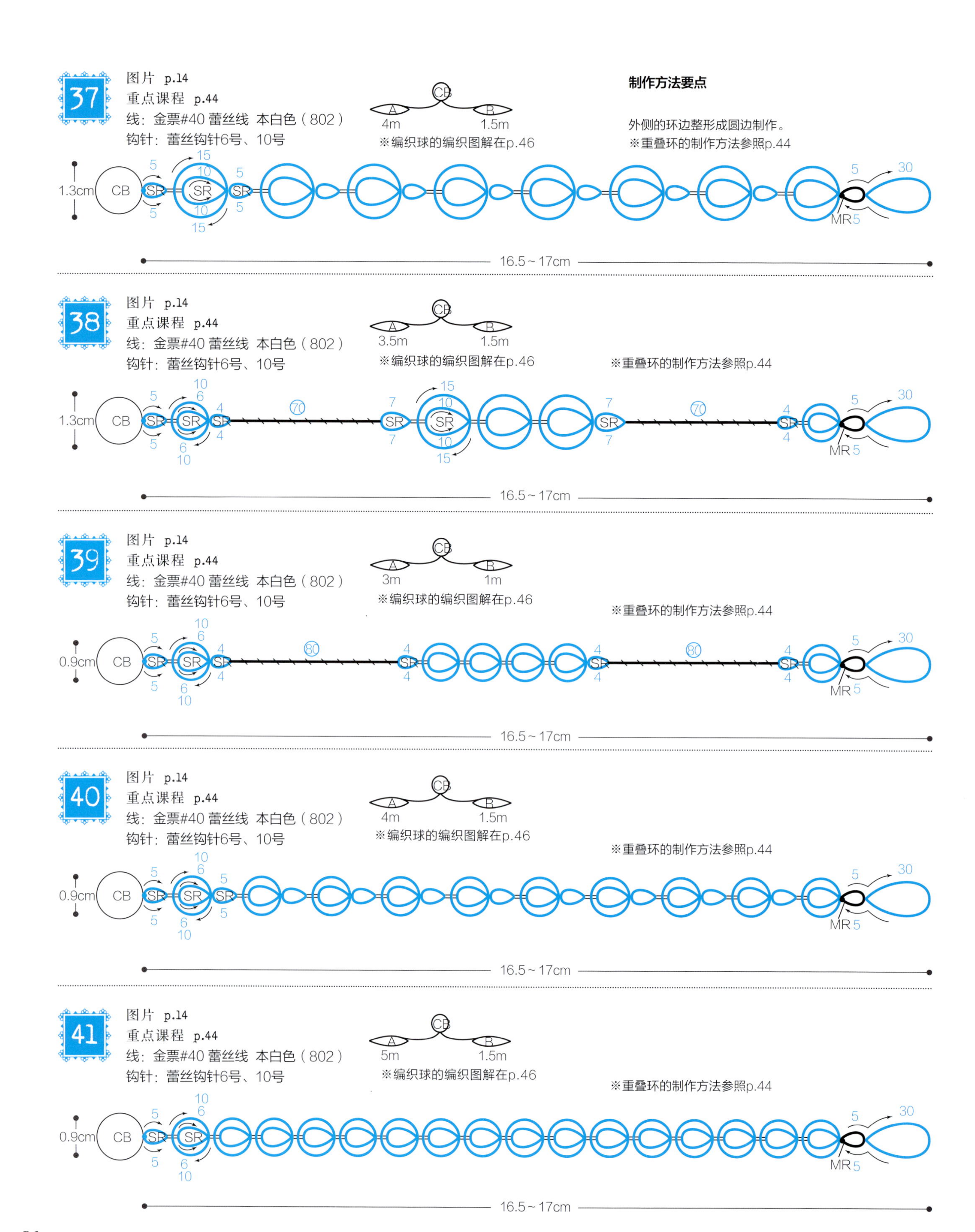

37
图片 p.14
重点课程 p.44
线：金票#40 蕾丝线 本白色（802）
钩针：蕾丝钩针6号、10号
CB
A 4m
B 1.5m
※编织球的编织图解在p.46
制作方法要点
外侧的环边整形成圆边制作。
※重叠环的制作方法参照p.44
1.3cm
CB
SR
5
15
10
MR
30
16.5～17cm
38
图片 p.14
重点课程 p.44
线：金票#40 蕾丝线 本白色（802）
钩针：蕾丝钩针6号、10号
A 3.5m
B 1.5m
※编织球的编织图解在p.46
※重叠环的制作方法参照p.44
1.3cm
70
16.5～17cm
39
图片 p.14
重点课程 p.44
线：金票#40 蕾丝线 本白色（802）
钩针：蕾丝钩针6号、10号
A 3m
B 1m
※编织球的编织图解在p.46
※重叠环的制作方法参照p.44
0.9cm
80
16.5～17cm
40
图片 p.14
重点课程 p.44
线：金票#40 蕾丝线 本白色（802）
钩针：蕾丝钩针6号、10号
A 4m
B 1.5m
※编织球的编织图解在p.46
※重叠环的制作方法参照p.44
0.9cm
16.5～17cm
41
图片 p.14
重点课程 p.44
线：金票#40 蕾丝线 本白色（802）
钩针：蕾丝钩针6号、10号
A 5m
B 1.5m
※编织球的编织图解在p.46
※重叠环的制作方法参照p.44
0.9cm
16.5～17cm

45

图片 p.15
重点课程 p.44
线：金票#40 蕾丝线 本白色（802）
钩针：蕾丝钩针6号、10号
配件：耳环五金配件1套、圆形开口圈 2个

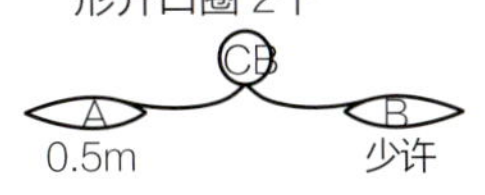

※编织球的编织图解在p.54

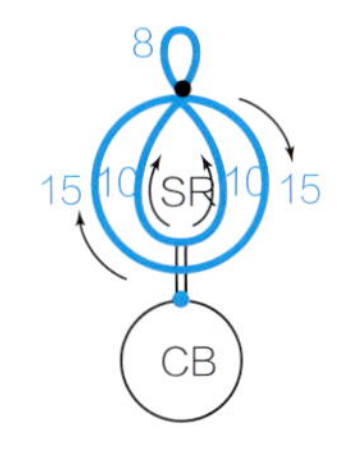

※重叠环的制作方法参照p.44

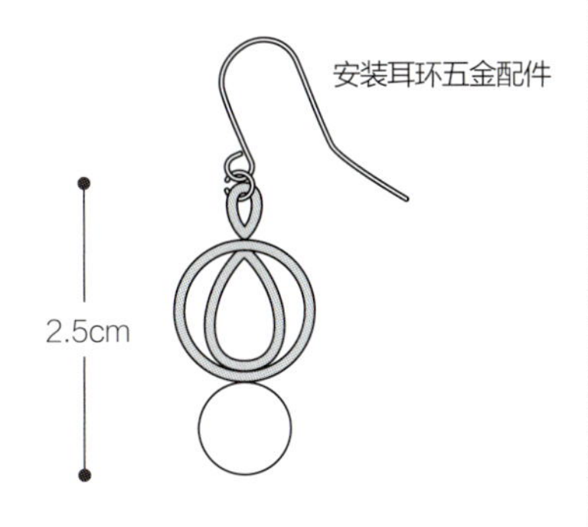

46

图片 p.15
重点课程 p.44
线：金票#40 蕾丝线 本白色（802）
钩针：蕾丝钩针6号、10号
配件：耳环五金配件1套、圆形开口圈 2个

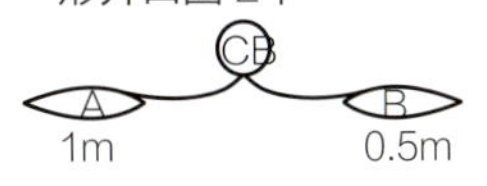

※编织球的编织图解在p.54

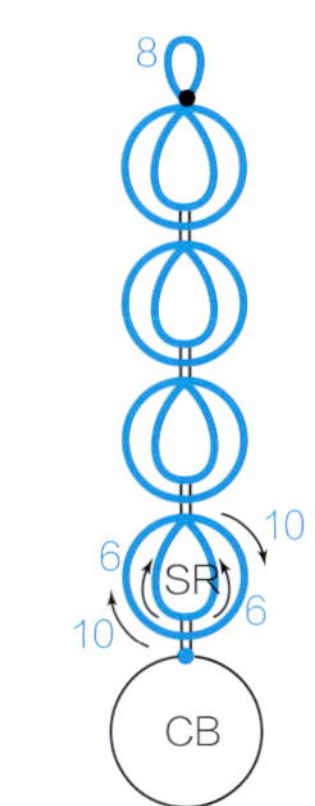

※重叠环的制作方法参照p.44

47·48

图片 p.15
重点课程 p.44
线：金票#40 蕾丝线 本白色（802）
配件：耳环五金配件1套、圆形开口圈 2个

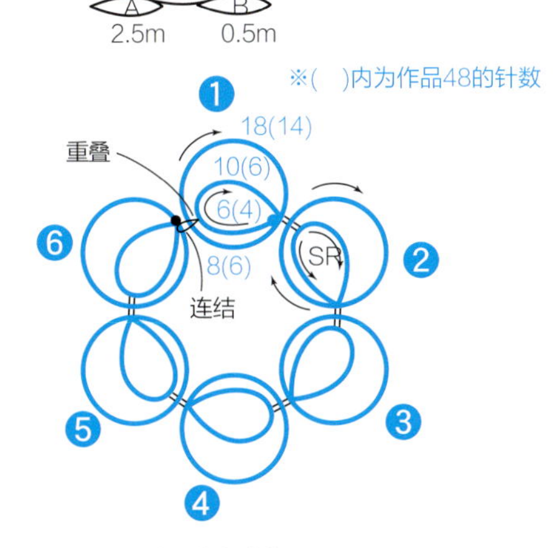

※重叠环的制作方法参照p.44

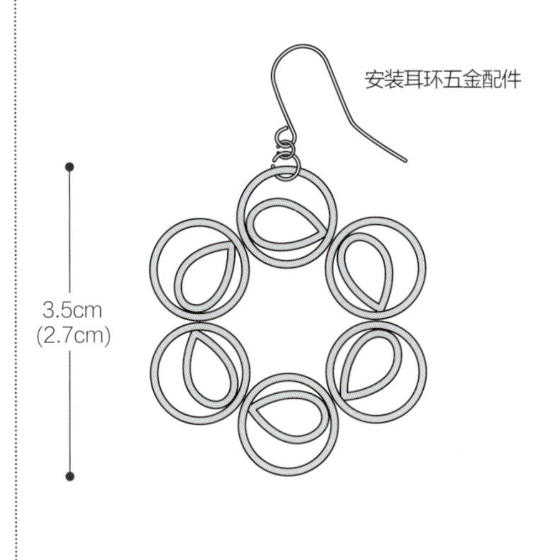

42

图片 p.14
重点课程 p.44
线：金票#40 蕾丝线 本白色（802）
钩针：蕾丝钩针6号、10号

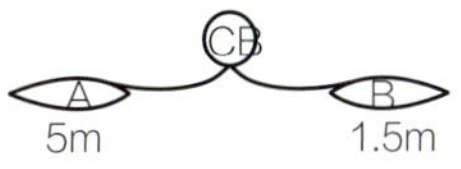

※编织球的编织图解在p.46

※重叠环的制作方法参照p.44

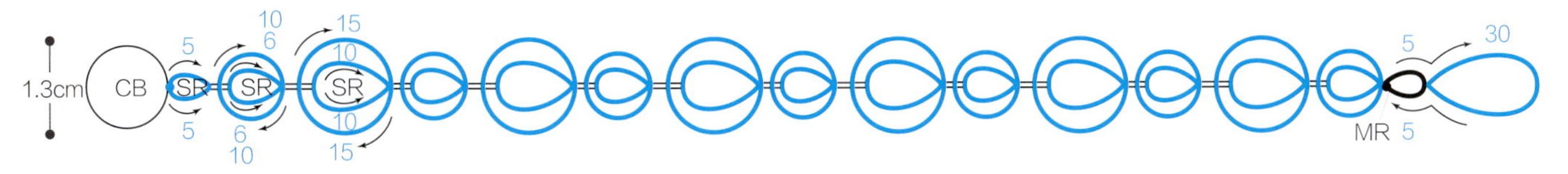

图片 p.16
重点课程 p.45
线：金票#40 蕾丝线 本白色（802）
配件：耳环五金配件1套、圆形开口圈 2个

制作方法要点

从❶的环开始制作，芯线一侧放入回形针，按照编织1针元宝针、内侧环❸、1针元宝针、外侧环❺这样的顺序交替制作元宝针和环。
制作时，外侧的环之间和内侧的环之间分别进行接耳。
㉙与❶是在花片表面用2个梭编器的线，进行接耳（参照p.45），在花片的表面上编织1针元宝针，同样将㉛与❸相连（参照p.45）以1针元宝针来收尾。
最后从回形针的孔内穿入芯线在反面连结

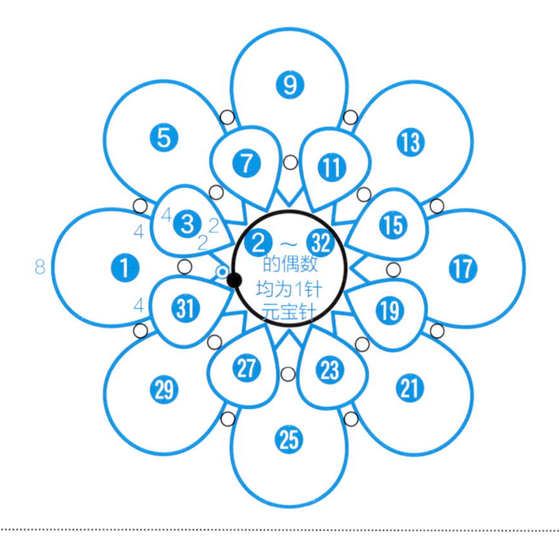

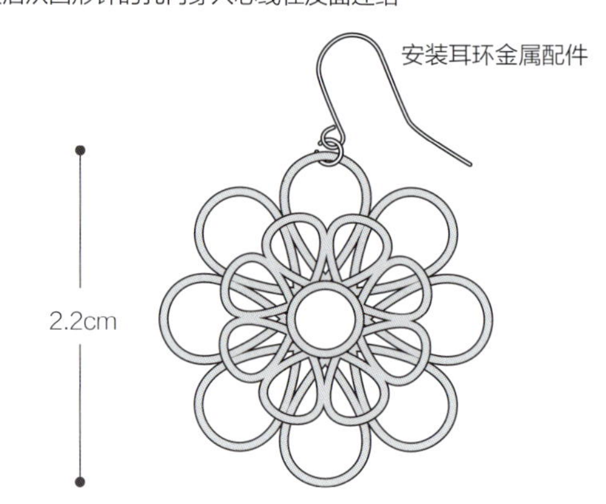

图片 p.17
重点课程 p.45
线：金票#40 蕾丝线 本白色（802）·黄色（521）
钩针：蕾丝钩针6号、10号
配件：耳环五金配件1套、圆形开口圈 2个

制作方法要点

主体部分与作品50耳环相同。
待线收尾后，不要剪断线头，
穿入针将编织球缝在中心。

钩针编织球

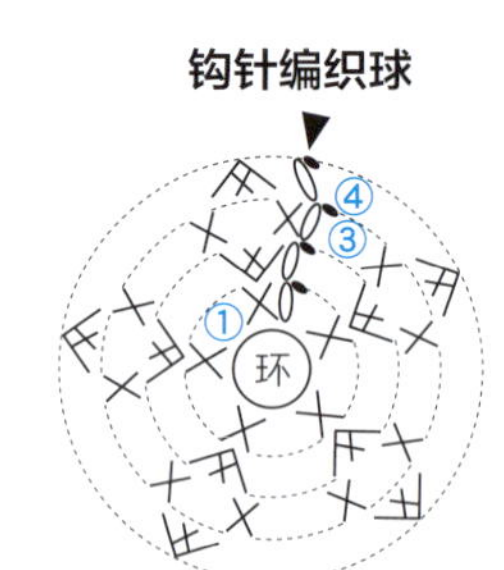

钩针编织球针数表

圈数	针数	加减针数
4	5	-5
3	10	
2	10	+5
1	5	

图片 p.16
重点课程 p.45
线：金票#40 蕾丝线 本白色（802）
钩针：蕾丝钩针6号、10号

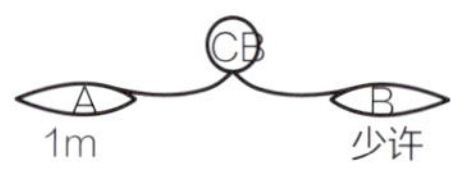

※编织球的编织图解在p.46

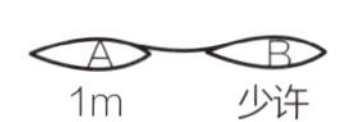

制作方法要点

花片与作品50耳环相同。
内外花片分别进行接耳。

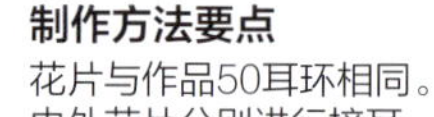

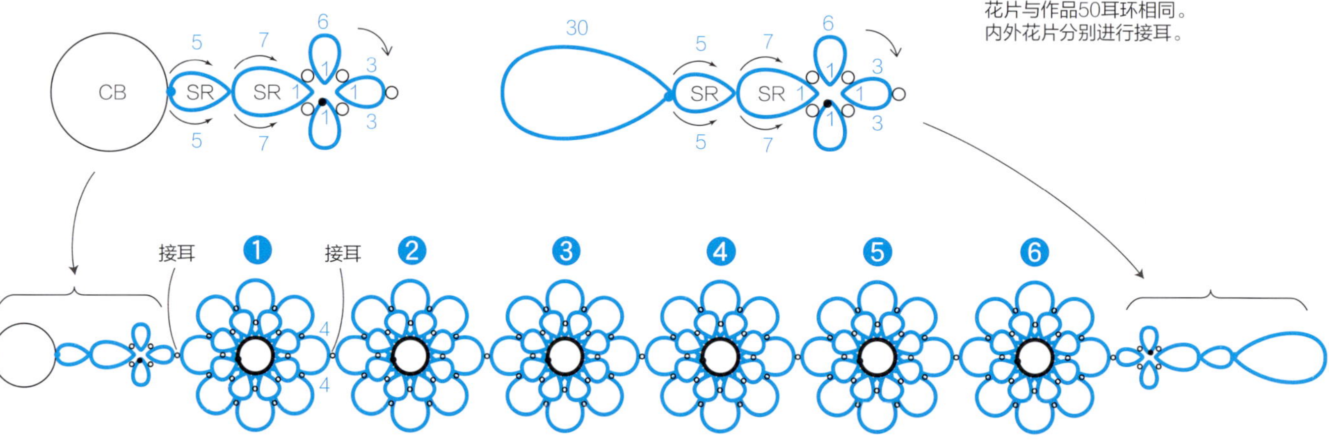

图片 p.18
线：金票#40 蕾丝线 <段染>深粉色段染（12）
配件：耳环五金配件1套、圆形开口圈 2个

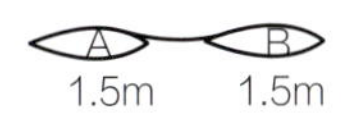

制作方法要点
花片用分裂环连续编织。

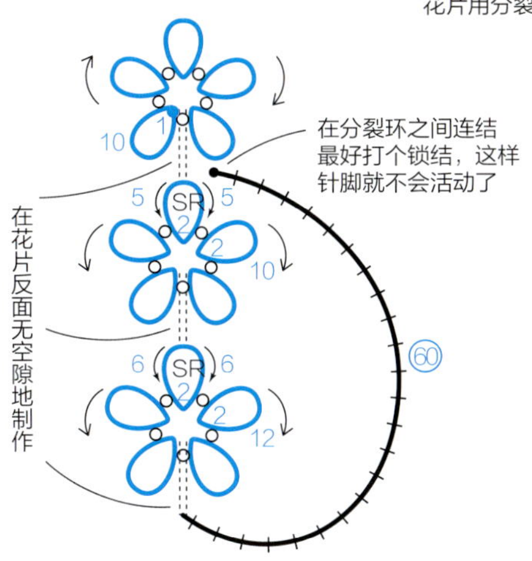

在分裂环之间连结
最好打个锁结，这样
针脚就不会活动了

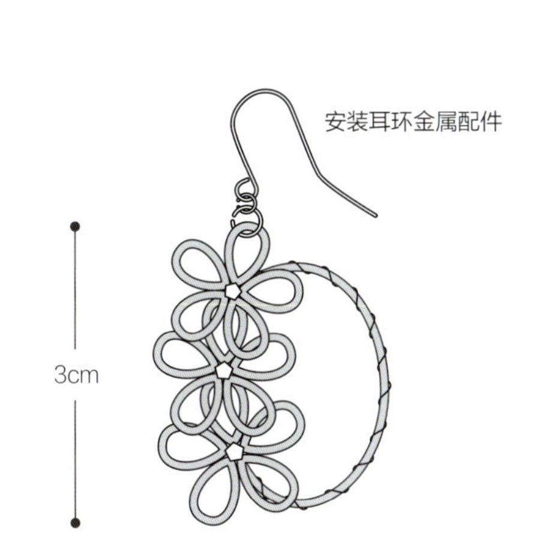

54

图片 p.18
线：金票#40 蕾丝线 <段染>深粉色段染（12）
钩针：蕾丝钩针6号、10号

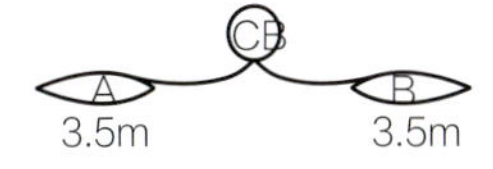

※编织球的编织图解在p.46

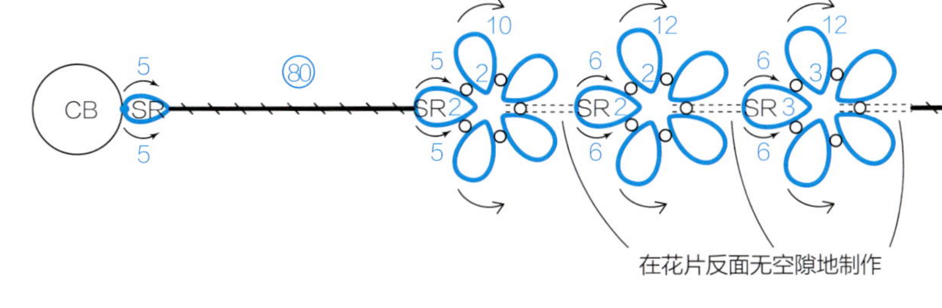

6 SR 3 6 12 3 180 5 30 5 MR

在花片反面无空隙地制作

17.5cm

图片 p.14
重点课程 p.44
线：金票#40 蕾丝线 本白色（802）
钩针：蕾丝钩针6号、10号

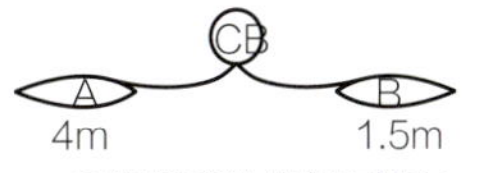

※编织球的编织图解在p.46

※重叠环的制作方法参照p.44

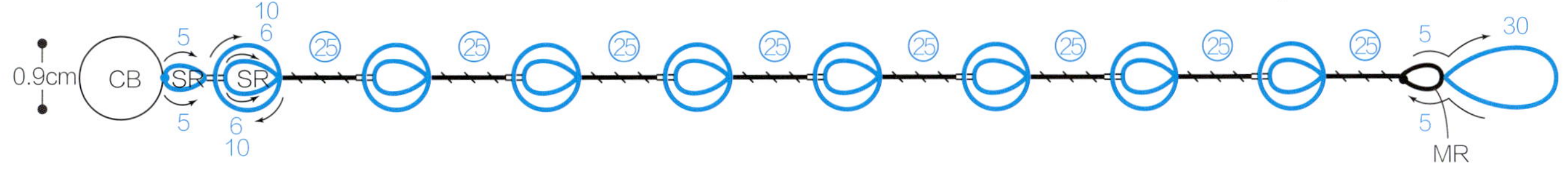

16.5～17cm

图片 p.19
线：金票#40 蕾丝线 <段染>浅粉色段染（38）
钩针：蕾丝钩针6号、10号

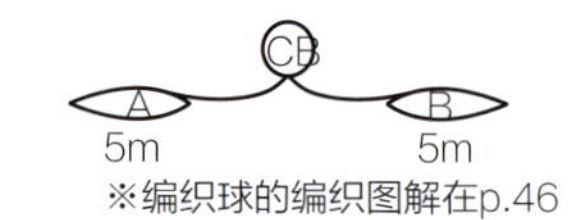

※编织球的编织图解在p.46

制作方法要点
花片用分裂环连续编织，共制作14个。

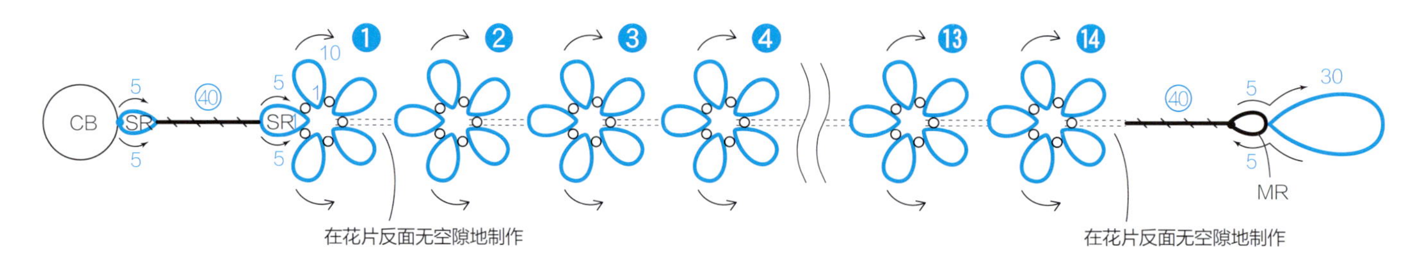

图片 p.19
线：金票#40 蕾丝线 <段染>浅粉色段染（38）
配件：耳环五金配件1套、圆形开口圈 2个

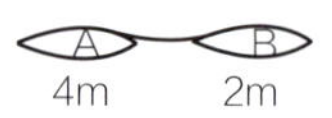

制作方法要点
花片用分裂环连续编织，共制作8个。

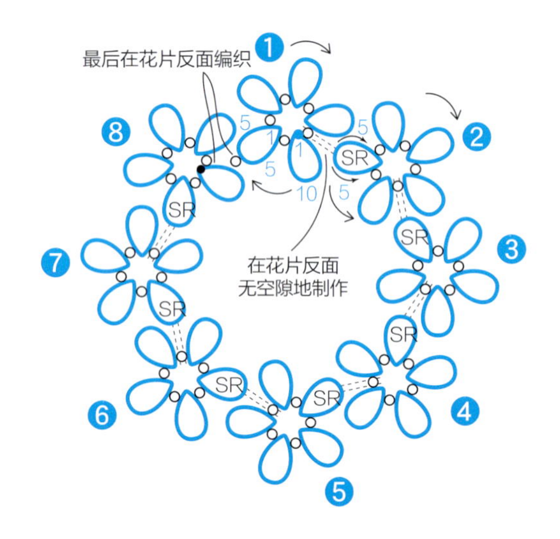

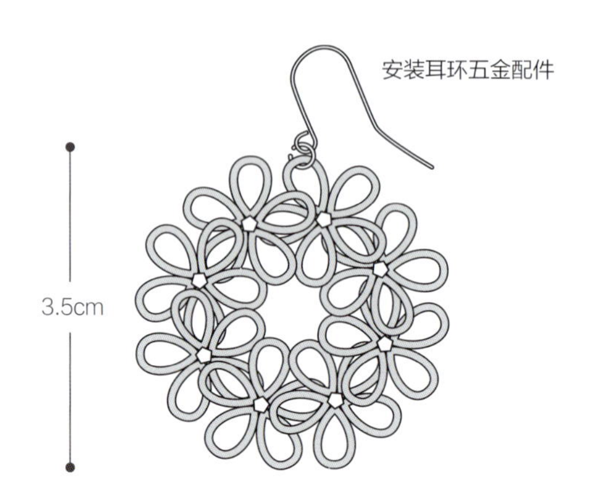

图片 p.14
重点课程 p.44
线：金票#40 蕾丝线 本白色（802）
钩针：蕾丝钩针6号、10号

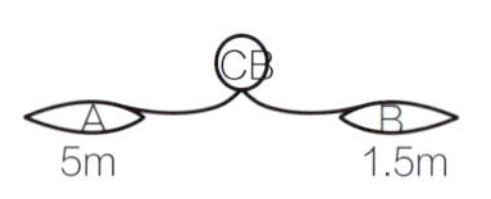

※编织球的编织图解在p.46

※重叠环的制作方法参照p.44

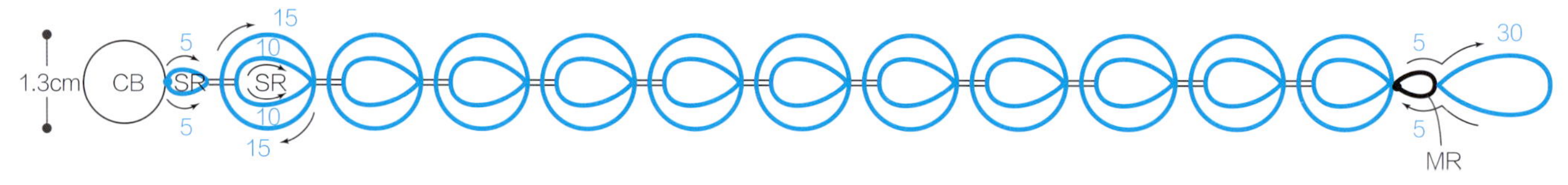

16.5～17cm

57~61

图片 p.20
重点课程 p.43
线：金票#40 蕾丝线 57：深绿色（257）·白色（801）58：绿色（232）·橙色（171）59：浅黄色（520）·黑色（901）60：红色（700）·蓝色（366）61：蓝色（366）·浅黄色（520）
钩针：蕾丝钩针6号、10号

CB
A 1.5m　B 0.3m　＋　1.5m（中途剪断B绕线）
※编织球的编织图解在p.46
※梭编器为B'

制作方法重点

开始的桥不要翻转，用梭编器B将配色线的线前端一边织入一边制作元宝针。
将配色线的线拉出，绕线在断开的B梭编器上当作B'。
接下去的桥是用梭编器B'边进行云雀结，边织入剪断的B线头。
在此前端不要翻转，用梭编器B'将短的桥交替制作元宝针和云雀结。
每次都像是要折断般地拿着桥进行编织，多出的线头在旁边剪掉。
最后的桥与模拟环为不同颜色，且线头分别缝入藏好。

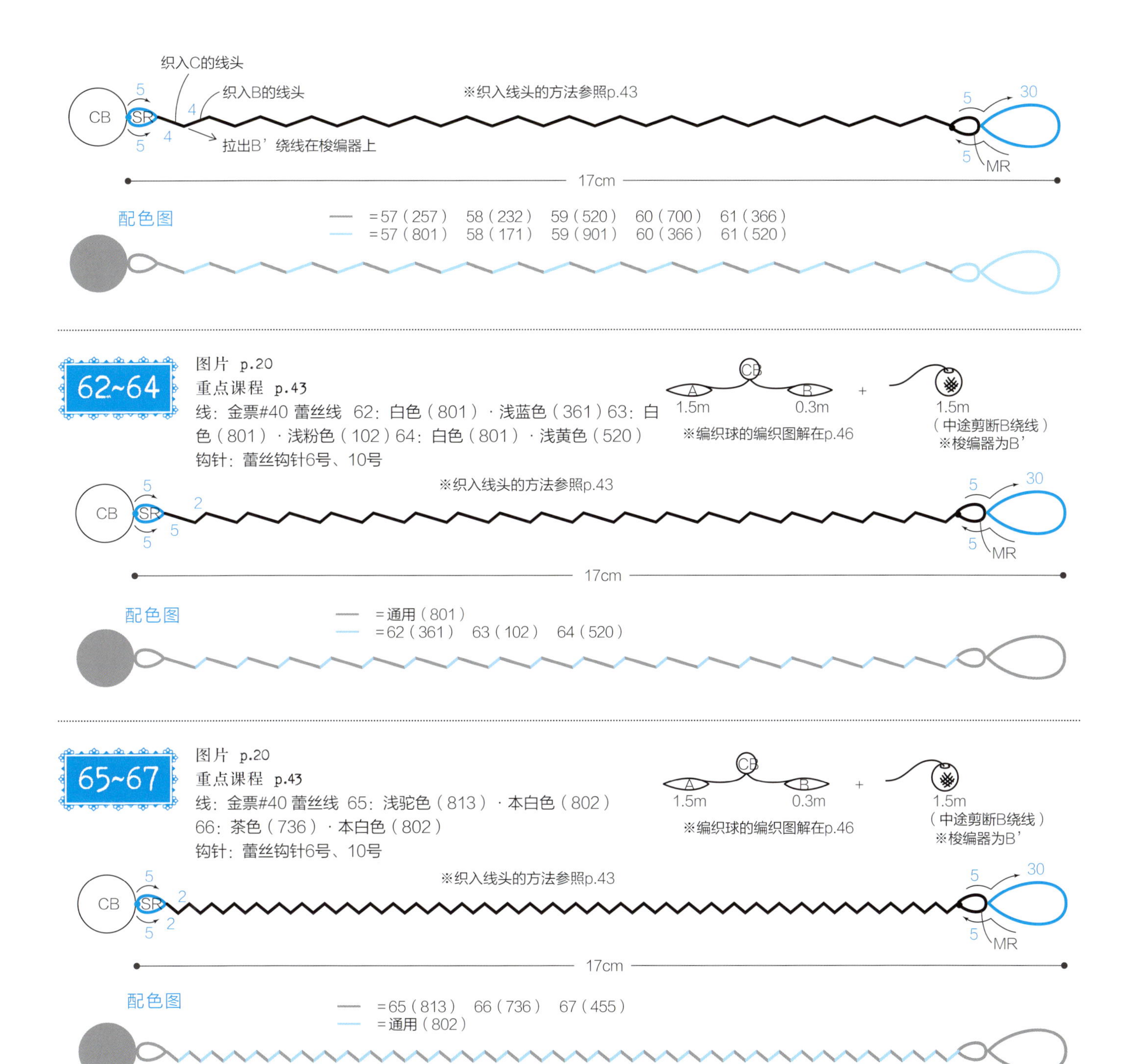

62~64

图片 p.20
重点课程 p.43
线：金票#40 蕾丝线 62：白色（801）·浅蓝色（361）63：白色（801）·浅粉色（102）64：白色（801）·浅黄色（520）
钩针：蕾丝钩针6号、10号

65~67

图片 p.20
重点课程 p.43
线：金票#40 蕾丝线 65：浅驼色（813）·本白色（802）
66：茶色（736）·本白色（802）
钩针：蕾丝钩针6号、10号

图片 p.21
重点课程 p.43
线：金票#40 蕾丝线 蓝色（366）· 浅黄色（520）
钩针：蕾丝钩针6号、10号
配件：耳环五金配件1套、圆形开口圈 2个

（6根锯齿结部分）

※在起始的4针上结入线，
此线头是剪断梭编器的线连接，
拉出50cm来绕线

（上方的8字形部分）

少许

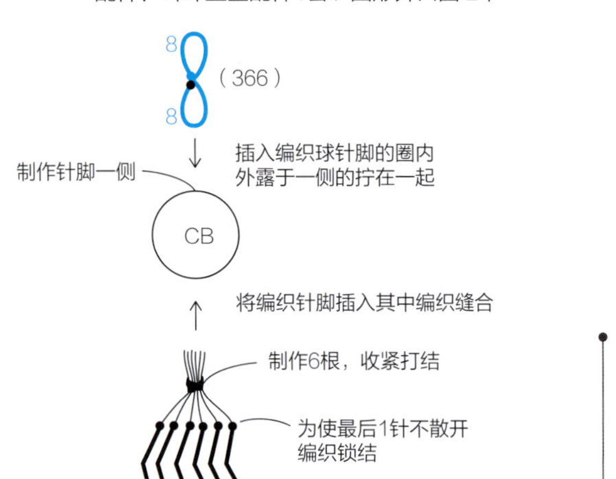

制作6根，收紧打结

为使最后1针不散开
编织锁结

4
4

分别用两种颜色的线开始

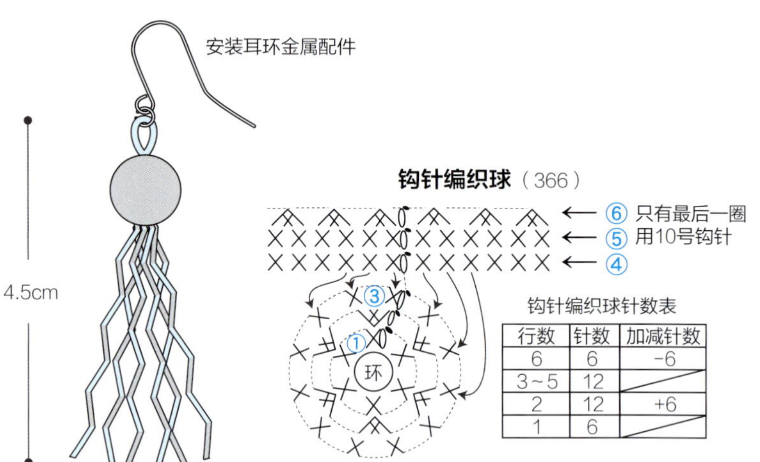

钩针编织球针数表

行数	针数	加减针数
6	6	-6
3~5	12	
2	12	+6
1	6	

图片 p.21
重点课程 p.43
线：金票#40 蕾丝线 白色（801）· 浅粉色（102）
配件：耳环五金配件1套、圆形开口圈 2个

※在起始的5针上织入线头，
此线头是剪断梭编器的线连接，
拉出50cm绕线
※正中的1根是在制作模拟环时，
在梭编器B上绕上少许线团上的线

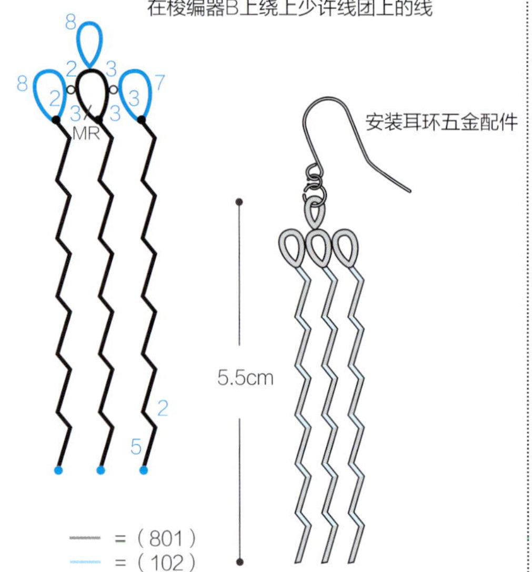

图片 p.21
重点课程 p.43
线：金票#40 蕾丝线 茶色（736）· 本白色（802）
配件：耳环五金配件1套、圆形开口圈 2个

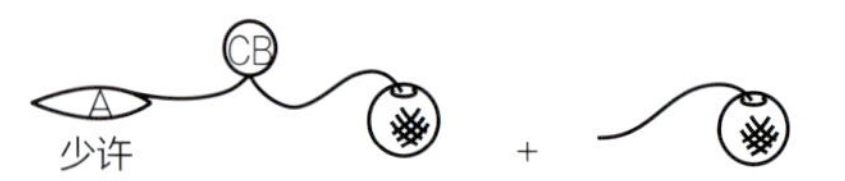

※在起始的2针上织入线头，
此线头是剪断梭编器的线连接，
拉出1m绕线

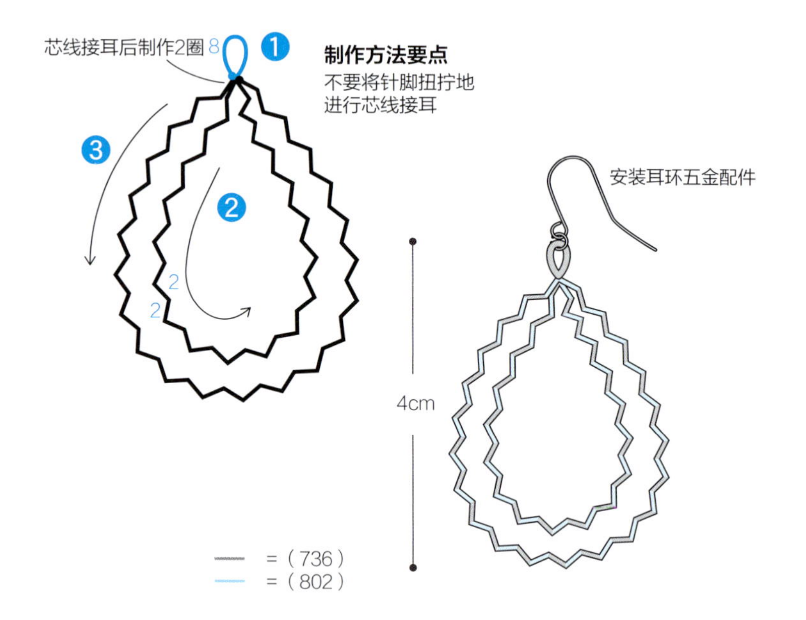

钩针编织基础

编织符号的阅读方法

本书中的编织符号均按照日本工业标准（JIS）规定。钩针编织没有正针和反针的区别（除内外钩针），正面和反面交替钩织时，钩织符号的表示也是一样的。

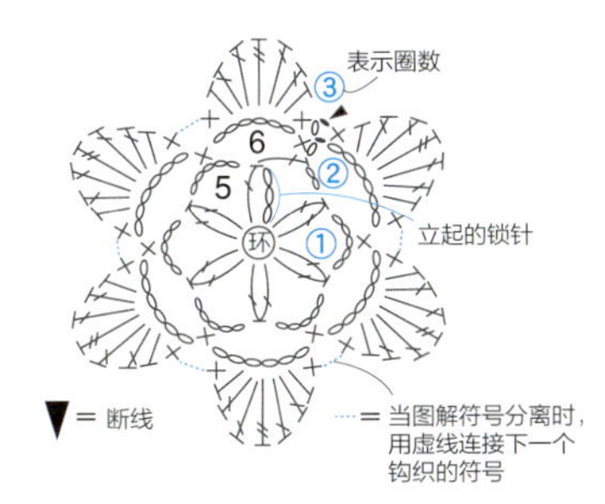

[从中心开始钩织圆环时]

在中心作环（或钩织锁针），依照环形逐圈钩织。每圈的起始处都先钩立起的锁针，然后继续钩织。原则上，是将织片正面朝上钩织，根据图示从右向左进行钩织。

锁针的阅读方法

锁针有正反面。在反面线圈中央的1根线，称为锁针的“里山”。

[正面]

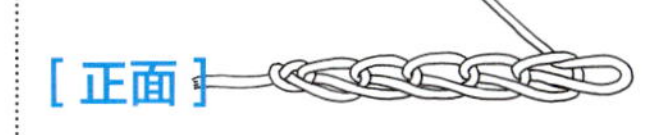

[反面]

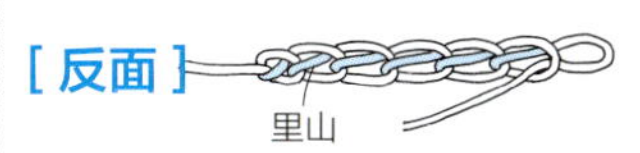

线和针的握法

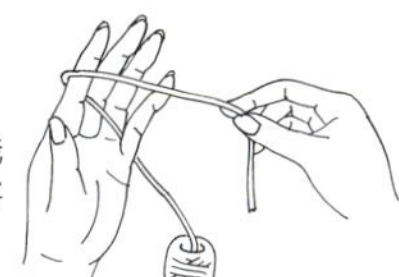

1 从左手小指与无名指间将线拉到跟前，挂在食指上，将线头拉到跟前。

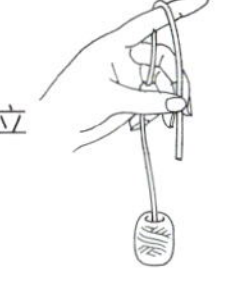

2 用拇指和中指捏住线头，立起食指，绷紧线。

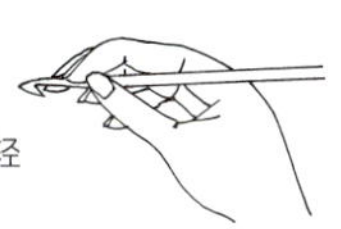

3 用拇指与食指持针，中指轻压在针头上。

起针

[从中心部分开始环形钩织时]

（用线头制作环形）

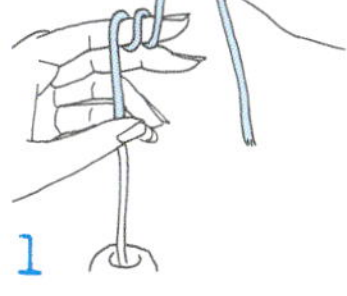

1 将线在左手食指上绕2圈成环形。

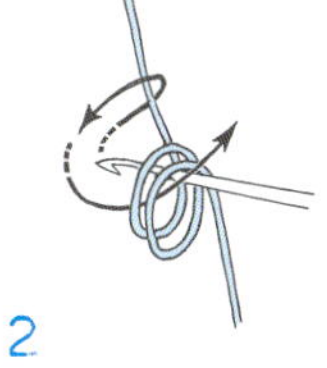

2 将环从食指上取下用手拿住，钩针插入环中，挂线引出。

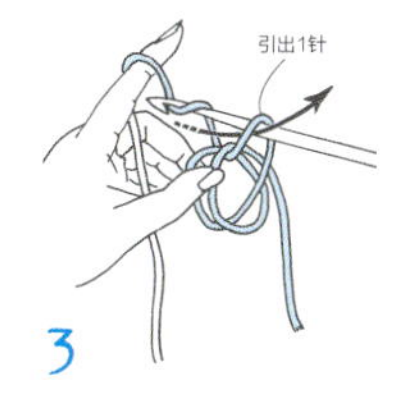

3 再一次挂线引出，钩立起的锁针。

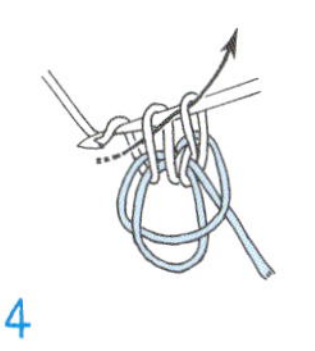

4 钩第1圈时，在环中心插入钩针，钩织所需数目的短针。

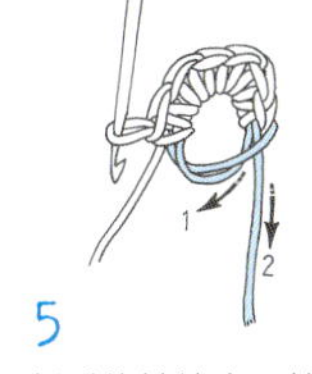

5 暂时将针抽出，拉动最初缠绕圆环的线1和线端2，将环拉紧。

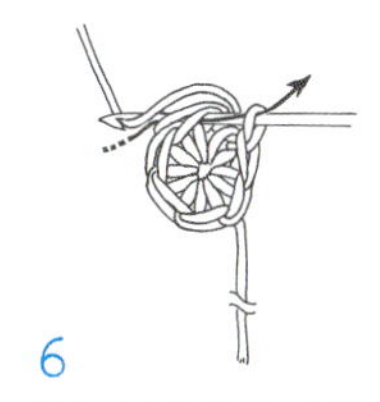

6 钩织1圈完成后，在最初的短针的头针处入针，挂线引出。

钩针符号

[锁针]

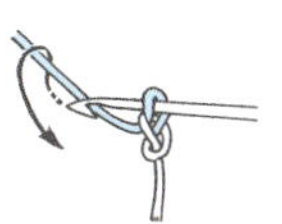

1 起针，“针头挂线”。

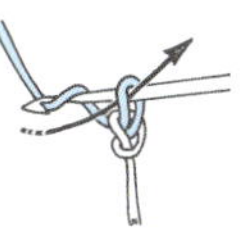

2 将挂在针头的线引出，1针锁针完成。

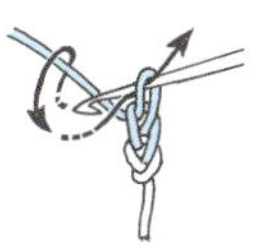

3 重复钩织步骤1的“ ”部分和步骤2。

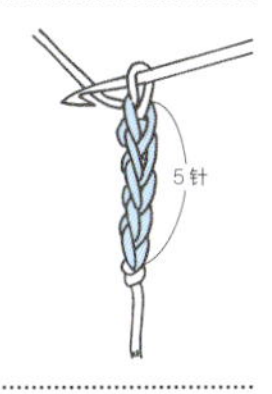

4 5针锁针完成。

[引拔针]

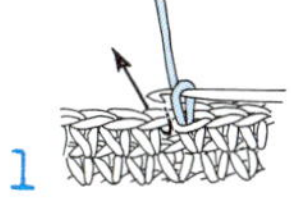

1 在上一行的针脚处入针。

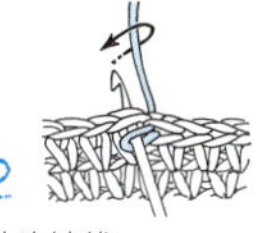

2 针头挂线。

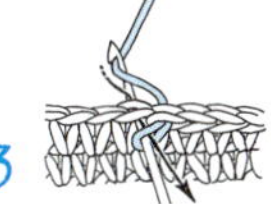

3 将线一次性引出。

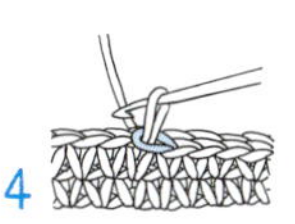

4 1针引拔针完成。

[短针]

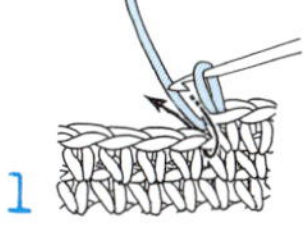

1 在上一行的针脚处入针。

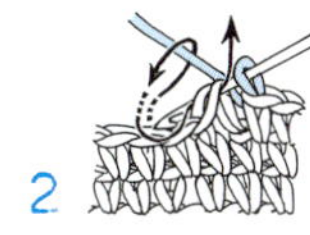

2 再一次针上挂线，2个线圈一次性引出。

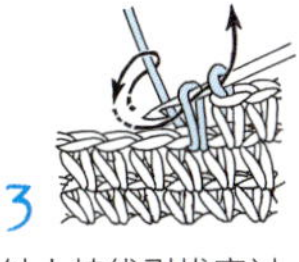

3 针上挂线引拔穿过线圈（此时的状态称为“**未完成的短针**”）。

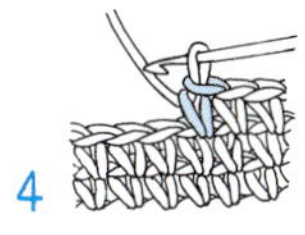

4 1针短针完成。

[短针1针分2针]

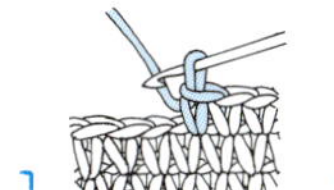

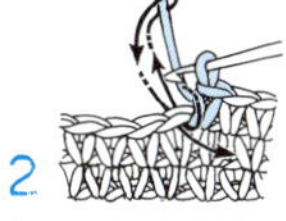

1 钩1针短针。

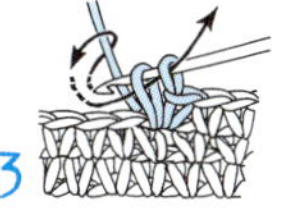

2 在同一针内入针，挂线引出。

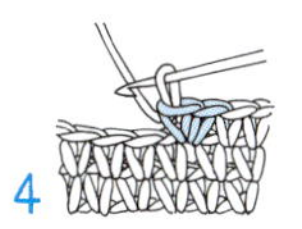

3 针上挂线，如箭头所示方向一次性引出。

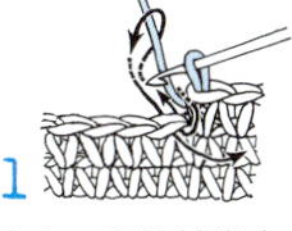

4 此时为短针1针分2针钩织完的样子。比上一行多钩1针的状态。

[短针2针并1针]

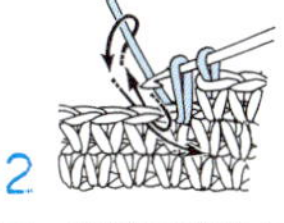

1 在上一行的针脚中入针，挂线引出。

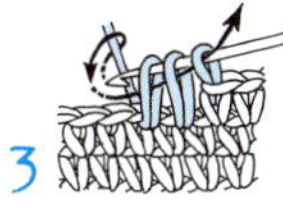

2 下一针按同样的方法入针，挂线引出。

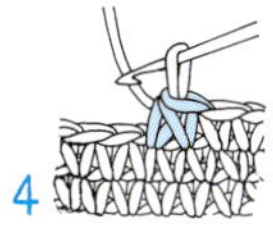

3 针上挂线，将挂在钩针上的3个线圈一次性引出。

4 短针2针并1针完成，比上一行针数少1针。

✤人物简介（Profile）

海东 麻井 / maimai kaito

从2014年年底开始迷恋梭编。
从此便坚持以个人独特的风格进行梭编饰物的原创设计至今。
曾是一名美容师，也是一位超级猫咪爱好者。
主要作品展示于Instagram：TATTING_MAIMAI。

✤全体工作人员（Staff）

书籍设计	坂本真理（mill设计工作室）
摄影	小塚恭子（作品）　本间伸彦（过程）
造型	川村繭美
原稿整理・摹写	中村洋子　三岛惠子
摹写	中村 亘
制作方法校阅	井出智子
企划・编辑	E&G创意（薮 明子　田代麻衣子）

✤素材提供

（线材）

OLYMPUS THREAD Mfg.Co.,LTD
TEL 052-931-6679
邮编461-0018
名古屋市东区主税町4-92
http://www.olympus-thread.com

（使用工具）

CLOVER MFG.Co.,LTD
TEL 06-6978-2277
邮编537-0025
大阪市东成区中道3-15-5
http://www.clover.co.jp

✤协助摄影

AWABEES
TEL 03-5296-7831
邮编151-0051
东京都涩谷区千驮谷3-50-11
明星大厦DING5F

UTUWA
TEL 03-6447-0070
邮编151-0051
东京都涩谷区千驮谷3-50-11
明星大厦DING5F

※重点课程说明中，使用粗细・颜色替换成清晰易懂的绣线来拍摄照片。
※由于是印刷物品，绣线颜色与标识色号的实物之间会有稍许不符的情况出现。

原文书名：タティングレースのブレスレット & ピアス 70
原作者名：maimai kaito

著作权合同登记号：图字：01-2017-7693

图书在版编目（CIP）数据

梭编蕾丝手链耳环 70 款 /（日）海东麻井著；虎耳草咩咩译．-- 北京：中国纺织出版社，2018.8（2024.9重印）
ISBN 978-7-5180-5164-9

Ⅰ．①梭…　Ⅱ．①海…　②虎…　Ⅲ．①绒线－编织－基本知识　Ⅳ．① TS935.52

中国版本图书馆 CIP 数据核字（2018）第 134745 号

责任编辑：刘　茸　　特约编辑：刘　婧
责任印制：储志伟　　责任设计：培捷文化

中国纺织出版社出版发行
地址：北京市朝阳区百子湾东里 A407 号楼
邮政编码：100124
销售电话：010—67004422　传真：010—87155801
http: //www.c-textilep.com
E-mail: faxing@c-textilep.com
中国纺织出版社天猫旗舰店
官方微博 http://weibo.com/2119887771
北京华联印刷有限公司印刷　各地新华书店经销
2018 年 8 月第 1 版　2024 年 9 月第 5 次印刷
开本：889 × 1194　1/16　印张：4
字数：64 千字　定价：59.80 元

凡购本书，如有缺页、倒页、脱页，由本社图书营销中心调换